芝宝贝

婴儿辅食

添加与制作

周忠蜀 主编

中国人口出版社
China Population Publishing House
全国百佳出版单位

芝宝贝 zhibaby
始于2006年

图书在版编目（CIP）数据

芝宝贝：婴儿辅食添加与制作/周忠蜀著. --
北京：中国人口出版社，2015.5
ISBN 978-7-5101-2877-6

Ⅰ. ①芝… Ⅱ. ①周… Ⅲ. ①婴幼儿-保健-食谱
Ⅳ. ①TS972.162

中国版本图书馆CIP数据核字（2014）第244528号

芝宝贝：婴儿辅食添加与制作

周忠蜀　著

出版发行	中国人口出版社
印　　刷	北京恒石彩印有限公司
开　　本	170毫米×240毫米　1/16
印　　张	12
字　　数	100千字
版　　次	2015年5月第1版
印　　次	2015年5月第1次印刷
书　　号	ISBN 978-7-5101-2877-6
定　　价	29.80元

社　　长	张晓林
网　　址	www.rkcbs.net
电子信箱	rkcbs@126.com
电　　话	(010)83519390
传　　真	(010)83519401
地　　址	北京市西城区广安门南街80号中加大厦
邮　　编	100054

前　言

　　毫无疑问，宝宝的最佳食物是母乳，但随着宝宝一天天长大，需要更多的营养元素来帮助生长发育的正常进行。单纯依靠妈妈的母乳，已经不能完全满足宝宝的生长需求，妈妈自然要为宝宝断奶做准备了。断奶，无论是对宝宝来说，还是妈妈来说，都是一件大事。如何断奶才能让宝宝不"受苦"，如何断奶才能让宝宝身体健康？是妈妈迫不及待需要了解的知识。

　　辅食就是宝宝由只吃母乳，逐渐开始接触多样食物，直至过渡到成人饮食这一阶段所添加的食物。这一阶段是培养宝宝饮食习惯的重要时期。亲手为宝宝制作辅食，可以让宝宝逐渐形成正确的饮食习惯，使身体均衡地生长发育。

《芝宝贝：婴儿辅食添加与制作》从宝宝断奶初期（4~6个月）到断奶中期（7~9个月），再到断奶后期（10~12个月），针对宝宝的身体状况及不同月龄的特殊需要，制定了有针对性的科学辅食，帮助宝宝顺利摆脱对母乳的依赖，顺利断奶，逐渐独立饮食。

这是一本省时、省事、省心的宝宝辅食食谱，妈妈可以在本书的帮助下，为宝宝制作出色、香、味俱佳的健康营养辅食，轻松让宝宝爱上这些美食，营养均衡，身体健康。

鸣 谢

模　特：Johnny　鼎鼎　吴曈　樱桃　妮妮　李家桐　牙牙

摄影师：李永雄　Daivd

目录 CONTENTS

第1章 宝宝断奶准备与辅食添加

给宝宝添加辅食的准备

第2章　断奶初期（出生后4～6个月）

断奶初期的饮食喂养课堂

断奶初期食谱推荐

第3章　断奶中期（出生后7～9个月）

断奶中期的饮食喂养课堂

第4章　断奶后期（出生后10～12个月）

断奶后期的饮食喂养课堂

断奶后期食谱推荐

第5章　补充各种营养素的辅食

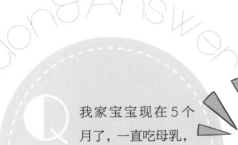

Q 我家宝宝现在 5 个月了，一直吃母乳，参考生长发育曲线都很正常，我需要给宝宝添加辅食吗?

A 关于辅食的添加，现在很多爸爸妈妈都存在这样那样的误区，有的人认为到了 4 个月不添加就会严重影响营养的摄入；有的人认为一定要给宝宝买最贵的辅食，认为那才是最好的；还有的人认为宝宝不喜欢吃辅食是因为味道做得不好，于是增加了很多调味品。其实这些做法都是不正确的。爸爸妈妈们应该掌握正确的关于添加辅食的原则和具体操作方法，只有这样才会让宝宝更加健康。这一章我们将要详细讲述这些内容，请爸爸妈妈们仔细阅读吧!

第1章
宝宝断奶准备与辅食添加

第一次给宝宝制作辅食，很多爸爸妈妈都会觉得手足无措。其实，这并不是件很难的事，只要掌握了一些相关技巧和喂养知识，就可以轻松完成第一次尝试。有心的爸爸妈妈，先做好知识储备吧！

爸爸妈妈需要掌握的
宝宝辅食添加常识

什么是辅食

辅食又称为离乳食品、断奶食品、转奶期食品或断奶餐，是指由单纯母乳或配方奶喂养过渡到成人饮食这一阶段内所添加的食物，并不是指让宝宝完全断掉奶以后所吃的食物。宝宝辅食包括流质、半流质、泥糊状、半固体、固体等一系列不同性状的食物，种类包括水果、蔬菜、谷物、肉类等，它们能训练宝宝的咀嚼、吞咽功能，满足宝宝对热能和各种营养的需求。

为什么要给宝宝添加辅食

补充宝宝生长所需的营养素

母乳虽是宝宝最佳的天然食品，但宝宝4~6个月以后，母乳已经不能完全满足宝宝的营养需求，此时就需要通过添加各种辅食来补充。

锻炼咀嚼、吞咽能力，为独立吃饭做准备

辅食一般为流质、半流质或固态食物，宝宝在吃的过程中能锻炼咀嚼、吞咽能力。宝宝的饮食逐渐从单一的奶类过渡到多样化食物，可为断奶做好准备。

有利于宝宝的语言发展

宝宝在咀嚼、吞咽辅食的同时，还能充分锻炼口周、舌部小肌肉。宝宝是否有足够的力量自如运用口周肌肉和舌头，对其今后准确地模仿发音，发展语言能力有着重要意义。

帮助宝宝养成良好的生活习惯

从4个月起，宝宝逐渐形成固定的饮食、睡眠等各种生活习惯。因此，在这一阶段及时科学地添加辅食，有利于宝宝建立良好的生活习惯，使宝宝终身受益。

开启宝宝的智力

研究表明，利用宝宝眼、耳、鼻、舌、身的视、听、嗅、味、触等感觉给予宝宝多种刺激，可以丰富他的经验，达到启迪智力的目的。添加辅食恰恰可以调动宝宝的多种感觉器官，达到启智的目的。

"芝宝贝"喂养经

4~6个月宝宝逐渐脱离母乳，转向从自然食物摄取营养，爸爸妈妈必须遵从这个自然规律。

添加辅食的原则

每个宝宝的发育程度不同，每个家庭的饮食习惯也有差异，所以，为宝宝添加辅食的品种、数量可以有一定的不同。但总的来说，为宝宝添加辅食应遵循以下原则。

由稀到稠，由细到粗

为适应宝宝的咀嚼能力，在刚开始添加辅食时，食物可以稀薄一些，使宝宝容易咀嚼、吞咽、消化。待宝宝适应之后，再逐渐改变质地，从流质到半流质、糊状、半固体，再到固体。例如，先添米汤，然后添稀粥、稠粥，直至软饭；先给菜泥，然后给碎菜或煮熟的蔬菜粒。

由少到多

最初添加辅食只是让宝宝有一个学习和适应的过程，吃多吃少对宝宝并不重要，因此不要硬性规定宝宝一次必须吃多少。在宝宝完全适应一种辅食之后，再逐渐增加进食量。

由一种到多种

添加以前未吃过的新辅食时，每次只能加一种，5～7天后再试着添加另一种，逐步扩大品种。有时候宝宝可能不喜欢新添加的食物，会把食物吐出来，这时妈妈要有耐心，可以反复地让宝宝尝试，但不要强迫宝宝吃。

 ## 添加辅食的顺序

给宝宝添加辅食，应先单一食物后混合食物，先流质食物后固体食物，先谷类、水果、蔬菜，后鱼、肉。千万不能在刚开始添加辅食时，就给宝宝吃鱼、肉等不容易消化的食物。要按不同月龄，添加适宜的辅食品种。下表列出了推荐添加辅食的顺序及其供给的营养素。

婴儿辅助食品添加顺序

月龄	添加的辅食品种	供给的营养素
2～3	鱼肝油（户外活动）	维生素A、维生素D
4～6	米粉糊、麦粉糊、粥等淀粉类	能量（训练吞咽能力）
	蛋黄、无刺鱼泥、动物血、肝泥、奶类、大豆蛋白粉或豆腐花或嫩豆腐	蛋白质、铁、锌、钙、B族维生素
	叶菜汁（先）、果汁（后）、叶菜泥、水果泥	维生素C、矿物质、纤维素
	鱼肝油（户外活动）	维生素A、维生素D
7～9	稀粥、烂饭、饼干、面包	能量（训练咀嚼能力）
	无刺鱼、鸡蛋、肝泥、动物血、碎肉末、较大月龄婴儿奶粉或全脂牛奶、大豆制品	蛋白质、铁、锌、钙、B族维生素
	蔬菜泥、水果泥	维生素C、矿物质、纤维素
	鱼肝油（户外活动）	维生素A、维生素D
10～12	稀粥、烂饭、饼干、面条、面包、馒头等	能量
	无刺鱼、鸡蛋、肝泥、动物血、碎肉末、较大月龄婴儿粉或全脂牛奶、黄豆制品	蛋白质、铁、锌、钙、B族维生素
	鱼肝油（户外活动）	维生素A、维生素D

一般来说，宝宝在4～6个月时就可以开始添加辅食。但是4～6个月只是个大概的时间段，究竟是从第4个月就开始添加辅食还是等到第6个月时再添加，应根据宝宝和妈妈的具体情况来决定。

体重

当宝宝的体重已经达到出生时体重的2倍时，就可以考虑添加辅食了。例如，出生时体重为3.5千克的宝宝，当其体重达到7千克时，就应该添加辅食了。如果出生体重较轻，在2.5千克以下，则应在体重达到6千克以后再开始添加。

奶量

如果每天喂奶的次数多达8～10次，或吃配方奶的宝宝每天的吃奶量超过1000毫升，则需要添加辅食。

发育情况

体格发育方面，宝宝能扶着坐，俯卧时能抬头、挺胸、用两肘支持身体重量；在感觉发育方面，宝宝开始有目的地将手或玩具放入口内来探索物体的形状及质地。这些情况表明宝宝已经有接受辅食的能力了。

特殊动作

匙触及口唇时，宝宝表现出吸吮动作，并将食物向后送、吞咽下去。当宝宝触及食物或触及喂食者的手时，露出笑容并张口。

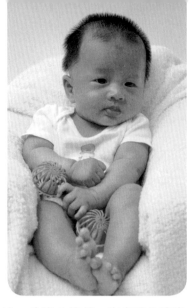

 ## 给宝宝添加辅食的
四个禁忌

忌过早

有些妈妈认识到辅食的重要性，认为越早添加辅食越好，可防止宝宝营养缺失，于是宝宝刚刚两三个月就开始添加辅食。殊不知，过早添加辅食会增加宝宝消化功能的负担。因为宝宝的消化器官很娇嫩，消化腺不发达，分泌功能差，许多消化酶尚未形成，不具备消化辅食的功能。如果过早添加辅食，消化不了的食物会滞留在腹中"发酵"，造成宝宝腹胀、便秘、厌食，也可能因为肠蠕动增加，使大便量和次数增加，从而导致腹泻。因此，4个月以内的宝宝忌添加辅食。

忌过晚

过晚添加辅食也不利于宝宝的生长发育。4~6个月的宝宝对营养、能量的需要大大增加，单纯吃母乳或牛奶、奶粉已不能满足其生长发育的需要。而且，宝宝的消化器官逐渐健全，味觉器官也发育了，已具备添加辅食的条件。

同时，4~6个月后是宝宝的咀嚼、吞咽功能以及味觉发育的关键时期，延迟添加辅食，会使宝宝的咀嚼功能发育迟缓或咀嚼功能低下。另外，此时宝宝从母体中获得的免疫力已基本消耗殆尽，而自身的抵抗力正需要通过增加营养来产生，若不及时添加辅食，宝宝不仅生长发育会受到影响，还会因缺乏抵抗力而导致疾病。

忌过滥

宝宝开始进食辅食后，妈妈不

要操之过急，不顾食物的种类和数量，任意给宝宝添加，或者宝宝要吃什么给什么，想吃多少给多少。因为宝宝的消化器官毕竟还很柔嫩，有些食物根本消化不了。任其发展，一来会造成宝宝消化不良，再者会造成营养不平衡，并养成宝宝偏食、挑食等不良饮食习惯。

忌过细

有些妈妈担心宝宝的消化能力弱，给宝宝吃的都是精细的辅食。这会使宝宝的咀嚼功能得不到应有的训练，不利于其牙齿的萌出和萌出后牙齿的排列。而且，食物未经咀嚼也不会产生味觉，这样既不利于味觉的发育，也难以勾起宝宝的食欲，面颊发育也会受影响。长期下去，不但影响宝宝的生长发育，还会影响宝宝的容貌。

 ## 添加辅食如何把握宝宝的口味

开始进食对宝宝来讲是重要的，从添加辅食开始让宝宝养成对食物的喜好，尽量给宝宝吃接近天然的食物，建立健康的饮食习惯，会让宝宝受益一生。

多让宝宝尝试口味淡的辅食

给宝宝制作辅食时不宜添加香精、防腐剂和过量的糖、盐，以天然口味为宜。

远离口味过重的市售辅食

口味或香味很浓的市售成品辅食，有可能添加了调味品或香精，不宜给宝宝吃。

别让宝宝吃罐装食品

罐装食品含有大量盐与糖，不能用来作为宝宝食品。

所有加糖或加人工甘味的食物，宝宝都要避免吃

糖是指再制、过度加工过的糖类，不含维生素、矿物质或蛋白质，还会导致肥胖，影响宝宝健康。同时，糖会使宝宝的胃口受到影响，妨碍吃其他食物。玉米糖浆、葡萄糖、蔗糖也属于糖，经常被用于加工食物，妈妈们要避免选择标示中有此添加物的食物。

根据宝宝的营养需求添加辅食

宝宝虽小，对营养素的需求却非常大。同时，由于宝宝体内营养素的储备量相对较小，一旦某种营养素摄入不足，短时间内就可明显影响宝宝的发育进程。所以妈妈在给宝宝添加辅食的时候，一定要根据宝宝的营养需求，及时适量地给宝宝补充营养。

一般来说，添加米粉或麦粉可提供热量，而选择含有黄豆粉或奶粉的奶米粉、奶麦粉、豆麦粉、豆米粉等，在补充热量的同时还补充了蛋白质。动物

肝脏、血是补充铁及蛋白质的最佳选择，这类食物中蛋白质含量高，铁质丰富且易吸收。鱼、肉、大豆制品可以补充蛋白质，鱼类的纤维短、细嫩，容易消化，适合刚开始添加荤菜的小宝宝；猪肉、牛肉、羊肉的纤维长、粗老，但含有更多的铁、锌等微量营养素，适合年龄较大的宝宝。

根据宝宝的消化能力添加辅食

宝宝出生时，其胃肠道功能还不完善，各种消化酶的分泌明显不足，无法完全消化、吸收乳类食品以外的食物。例如，宝宝唾液淀粉酶水平在3个月时才达到成人的1/3，而胰淀粉酶要到6个月以后才开始分泌，因此他们消化淀粉的能力较差。宝宝对蛋白质、脂肪、维生素、矿物质等营养素的消化能力也是随着生长发育逐步成熟的，过早地添加辅食反而有害，如某些蛋白质通过肠壁进入体内成为抗原，会诱发过敏反应。此外，肠黏膜对营养素的吸收能力、对有害物质的阻断作用也要随着宝宝生长进一步完善。因此，添加辅食时，应根据宝宝的消化能力，先添加谷类食品，然后加水果、蔬菜，最后加肉类食品。

根据宝宝的发育水平添加辅食

不同月龄的宝宝，其咀嚼、吞咽的能力不同。一般来说，4~5个月的宝宝只能添加半流质状的、细腻嫩滑的辅食，如米粉糊、水果泥、菜泥等，其主要目的是让宝宝习惯用勺进食。6~9个月宝宝的辅食可以稠厚一些，如肝泥、肝粉、面条、饼干、肉末、碎菜等，以训练宝宝的咀嚼和吞咽能力。10个月以上的宝宝，辅食以半固体、固体为主，如软饭、面包、馒头、碎肉、菜等，以便宝宝能获得足够的热量和各种营养素，并逐渐向成人饮食过渡。

宝宝生病时最好不要添加辅食

婴幼儿在感冒发热或腹泻生病期间，身体处在高致敏状态，抵抗力低下，若这时再为宝宝加辅食，就会加重胃肠道负担，引起身体过敏或引发胃肠道疾病。1岁内的婴幼儿增加辅食应在身体状况良好的情况下进行，循序渐进，不能着急。新添加一种食物时，应严密观察宝宝有无不适或身体过敏的症状，如有上述表现，应停止喂食这种辅食。宝宝若出现严重休克、荨麻疹等过敏症状，应及时送医院抢救治疗。

 ## 添加辅食的注意事项

遇到宝宝不适要立刻停止

宝宝吃了新添的食物后，如出现腹泻，或大便里有较多黏液，应立即暂停添加该食物。在宝宝生病身体不适时，也应停止添加辅食，等宝宝恢复正常后再重新少量添加。

吃流质或泥状食品的时间不宜过长

不能长时间给宝宝吃流质或泥状的食品，这样会使宝宝错过训练咀嚼能力的关键期，可能导致宝宝在咀嚼食物方面产生障碍。

不可很快让辅食替代乳类

6个月以内，主要食品应该以母乳或配方奶粉为主，将其他食品作为一种补充食品。

添加的辅食要鲜嫩、卫生、口味好

给宝宝制作食物时，不要只注重营养而忽视了口味，这样不仅会影响宝宝的味觉发育，为日后挑食埋下隐患，还可能使宝宝对辅食产生排斥，影响营养的摄取。

培养宝宝进食的愉快心理

给宝宝喂辅食时，首先要营造一个快乐和谐的进食环境，最好选在宝宝心情愉快和清醒的时候喂食。宝宝表示不愿吃时，千万不可强迫宝宝进食。

宝宝辅食的基本要求

食物品种多样化

不同种类的辅食所提供的营养素不同，当宝宝已经习惯了多种食品后，每天给宝宝的辅食品种就应多样化。例如，当宝宝习惯了粥和面条之后，两者可以交替吃；宝宝习惯了肝泥、鱼泥、豆腐、蛋之后，上述食物可以轮流吃。让宝宝吃多种辅食，可以达到平衡膳食的目的，不致造成某种营养素的缺乏。

食物形状多样化

宝宝每天的食物中应有流质（如果汁）、半固体（如小馒头、稠粥、烂饭）等多种质地的辅食，既可增进宝宝的食欲，也能让他适应不同烹调方法和质地的食品。

色、香、味俱全

宝宝的视觉、嗅觉已经充分发育，颜色鲜艳而又有香味的辅食能提高宝宝的食欲。例如，胡萝卜与青菜泥、虾仁蓉与菜泥放在一起、黄色的蛋羹上加些绿色的菜泥，既好吃又好看。宝宝的辅食味道宜淡，不能以成人的口味为标准。

许多妈妈都会有这样的困惑：第一次添加辅食应该选择哪一种食物？什么时间添加宝宝更易接受？一次喂多少比较合适？

第一次添加辅食首选米糊、菜泥和果泥。第一次给宝宝添加辅食，可以在宝宝的日常奶量以外适当地添加。

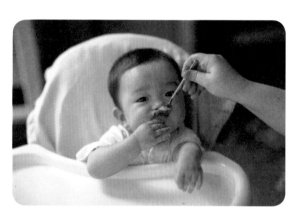

米糊一般可用市场上出售的"宝宝营养米粉"来调制，也可把大米磨碎后自己制作。购买成品的宝宝米粉应注意宝宝的月龄，按照产品的说明书配制米糊。果泥要用新鲜水果制作。菜泥在制作中不应加糖、盐、味精等调料。

宝宝第一次尝试辅食最理想的时间是一顿哺乳中间。尽管辅食能提供热量，但是乳汁仍然是宝宝最满意的食品。因此，妈妈应该在先给宝宝喂食通常所需奶量的一半后，给宝宝喂1~2汤匙新添加的辅食，然后，再继续给宝宝吃没有吃够的乳汁。这样，在一顿乳汁的中间，宝宝也许会慢慢习惯新的食品，渐渐增加辅食的量和种类。

第一次给宝宝添加辅食不宜多。刚开始喂辅食，妈妈只需准备少量的食物，用小汤匙舀一点点食物轻轻地送入宝宝的口里，让他自己慢慢吸吮、慢慢品味。

 母乳与辅食如何搭配

开始给宝宝添加辅食时，应注意母乳和辅食的合理搭配。有的妈妈生怕宝宝营养不足，影响生长，早早开始添加辅食，而且品种多样、喂得也比较多，结果使宝宝积食不消化，连母乳都拒绝了，这样反而会影响宝宝的生长。添加辅食最好采用以下步骤。

开始时

先给宝宝添稀释的牛奶（鲜奶或奶粉），上午和下午各添半奶瓶即可，或者只在晚上入睡前添半瓶牛奶，其余时间仍用母乳喂养。如果宝宝吃不完半瓶，可适当减少。

4～6个月后

可在晚上入睡前喂小半碗稀一些的掺牛奶的米粉糊，或掺1/4蛋黄的米粉糊，这样可使宝宝一整个晚上不再饥饿醒来，尿也会适当减少，有助于母子休息安睡。但初喂米粉糊时，要注意观察宝宝是否有吃过后较长时间不思母乳的现象，如果是，可适当减少米粉糊的喂量或稠度，不要让它影响了宝宝对母乳的摄入。

8个月后

可在米粉糊中加少许菜汁、1/2个蛋黄，也可在两次喂奶的中间喂一些苹果泥（用匙刮出即可）、西瓜汁、一小段香蕉等，尤其是当宝宝吃了牛奶后有大便干燥现象时，西瓜汁、香蕉、苹果泥、菜汁都有软化大便的功效，也可补充维生素。

10个月后

可增加一次米粉糊，并可在米粉糊中加入一些碎肉末、鱼肉末、胡萝卜泥等，也可适当喂小半碗面条。牛奶上午、下午各喂一奶瓶，此时的母乳营养已渐渐不足，可适当减少几次母乳喂养（如上午、下午各减一次），以后随月龄的增加逐渐减少母乳喂养次数，以便宝宝顺利过渡到可完全摄食自然食物的阶段。

"芝宝贝"喂养经

开始时一次只能喂一种新的食物，等宝宝适应后，再添加另外一种新的食品。

自己做辅食好还是买市场销售的好

自己做的辅食和市场销售的辅食各有优缺点。市场销售的宝宝辅食最大的优点是方便，即开即食，能为妈妈们节省大量的时间。同时，大多数市售宝宝辅食的生产受到严格的质量监控，其营养成分和卫生状况得到了保证。因此，如果没有时间为宝宝准备合适的食品，而且经济条件许可，不妨选用一些有质量保证的市场销售的宝宝辅食。但妈妈们必须了解的是，市场销售的宝宝辅食无法完全代替家庭自制的宝宝辅食。因为市场销售的宝宝辅食没有各家

各户的特色风味，当宝宝度过断奶期后，还是要吃家庭自制的食物，适应家庭的口味。在这方面，家庭自制的

宝宝辅食显然有着很大的优势。

因此，自制还是购买宝宝辅食，应根据家庭情况选择。

如何挑选经济实惠的辅食

许多妈妈在选择市场销售的辅食时，以为价位高或进口的食品一定是最好的，故常常求贵贪洋，花了冤枉钱不说，有时宝宝的营养状况反而亮起红灯。其实辅食并非越贵越好，了解一些必要的选购常识和方法，也能挑选到经济而实惠的辅食。

注意品牌和商家

一般而言，知名企业的产品质量较有保证，卫生条件也能过关，所以最好选择好的品牌、大的厂家生产的食品，以免影响到宝宝的健康。

价高不一定质优

虽然有些食品价位高，但营养不一定优于价位低的食品，因为食品的价格与其加工程序成正比，而与食品来源成反比。加工程序越多的食品营养素丢

失的越多，但是价格却很高。

进口的不一定比国产的好

进口的婴幼儿食品，其中很多产品价格高是由于包装考究、原材料进口关税高、运输费用昂贵造成的，其营养功效与国产的也差不多。妈妈选购时要根据不同年龄宝宝的生长发育特点，从均衡营养的角度出发，有针对性地选择，这样花不了多少钱就会收到很好的效果。

 ## 宝宝不愿吃辅食怎么办

喂辅食时，宝宝吐出来的食物可能比吃进去的还要多，有的宝宝在喂食中会将头转过去，避开汤匙或紧闭双唇，甚至可能一下子哭闹起来，拒绝吃辅食。遇到类似情形，妈妈不必紧张。

宝宝从吸吮进食到吃辅食需要一个过程。在添加辅食以前，宝宝一直是以吸吮的方式进食的，而米粉、果泥、菜泥等辅食需要宝宝吃下去，也就是先要将勺子里的食物吃到嘴里，然后通过舌头和口腔的协调运动把食物送到口腔后部，再吞咽下去。这对宝宝来说，是一个很大的飞跃。因此，刚开始添加辅食时，宝宝会很自然地顶出舌头，似乎要把食物吐出来。

宝宝可能不习惯辅食的味道。新添加的辅食对只习惯奶味的宝宝来说是一个挑战，因此刚开始时宝宝可能会拒绝新味道的食物。

妈妈需弄清宝宝不愿吃辅食的原因。对于不愿吃辅食的宝宝，妈妈应该弄清是宝宝没有掌握进食的技巧，还是他不愿意接受这种新食物。此外，宝宝情绪不佳时也会拒绝吃新的食品，妈妈可以在宝宝情绪好时让宝宝多次尝试，慢慢让宝宝掌握进食技巧，并通过反复的尝试让宝宝逐渐接受新的食物口味。

妈妈要掌握一些喂养技巧。妈妈给宝宝喂辅食时，需注意：使食物温度保持为室温或比室温略高一些，这样，宝宝就比较容易接受新的辅食；勺子应大小合适，每次喂时只给一小口；将食物送进宝宝嘴的后部，便于宝宝吞咽。

给宝宝吃什么样的面条，吃多少合适

喂宝宝的面条应是烂而短的，面条可以和肉汤或鸡汤一起煮，以增加面条的鲜味，引起宝宝的食欲。喂时需先试喂少量，观察一天看宝宝有没有消化不良或其他情况。如情况良好，可加多食量，但也不能一下子喂得太多，以免引起宝宝胃肠功能失调，出现腹胀，导致厌食。

可参照下面的标准来掌握给宝宝喂面食的一日用餐量。

4～5个月

1/3碗（150毫升的小碗）烂面加2匙菜汤。

6～7个月

1/2碗烂面，加3匙菜、肉汤。

8～10个月

中、晚各2/3碗面，菜、肉、鱼泥各2匙。

11～12个月

中、晚各1/2碗面，肉、鱼、菜泥各3匙。

如何避免喂出肥胖宝宝

肥胖发生的原因虽与遗传有关，但最直接的原因可能是妈妈缺乏科学的喂养知识，给宝宝过分增加营养，过多进食，造成热量过剩，导致肥胖，所以合理喂养是避免宝宝肥胖的主要措施。

根据宝宝的具体情况合理添加辅食

开始添加辅食后，宝宝的代谢水平不同，可根据体格发育情况，在正常范围内让宝宝顺其自然选择进食的多少，不必按固定模式过度喂养。

减少糖、脂肪的摄取量

糖和脂肪为人体热量的主要来源，所以给宝宝喂高热量食物时要有所控制，减少油、脂肪、糖等的摄入，少吃油炸类食物。

供给足够的蛋白质

蛋白质是宝宝生长发育不可缺少的营养物质之一，以1～2克/体重（千克）为适量，可选择瘦肉、鱼、虾、豆制品等作为补充蛋白质的来源。

矿物质不可少

矿物质是人体的重要组成部分。它在体内不能合成，只能从食物中摄取，如钙、铁、锌、碘等直接影响宝宝的生长发育，所以饮食中不可缺少。

维生素要适量

维生素是维持人体健康所必需的营养素之一，供给不足或过量，都会产生疾病。维生素一般不能在体内合成，主要是从食物中摄取，如维生素A、维生素D、维生素E、维生素K、维生素B、维生素C等。

"芝宝贝"喂养经

添加辅食时期属于宝宝肥胖的敏感期。这一时期往往容易过度喂养，导致宝宝肥胖。

给宝宝添加辅食的准备

选择合适的婴儿餐具

给宝宝添加辅食前，需准备一套婴儿餐具。婴儿餐具有可爱的图案、鲜艳的颜色，可以促进宝宝的食欲。

匙

给宝宝喂辅食时，一定要用匙，不能将辅食放在奶瓶中让宝宝吸吮。添加辅食的一个目的是训练宝宝的咀嚼、吞咽能力，为断奶做准备，如果将米粉等辅食放在奶瓶中让宝宝吸吮则达不到这个目的。刚开始添加辅食时，应每次只在匙内放少量食物，让宝宝可以一口吃下。由于母乳和配方奶中的营养成分完全能满足4~6个月以下宝宝的营养需求，因此刚开始添加辅食时，不要太关注宝宝吃进去多少。

碗

大碗盛满食物会使宝宝产生压迫感，影响食欲，因此，应选择小碗。尖锐易破的餐具不宜选用，以免发生意外。

"芝宝贝" 喂养经

将食物装在碗内，用小匙一口口地喂，让宝宝渐渐适应成人的饮食方式。当宝宝具有一定的抓握力后，可鼓励他自己拿小匙。

掌握辅食的制作要点

辅食关系着宝宝的营养和健康，为此，在为宝宝准备辅食时，需掌握以下要点。

清洁

准备辅食所用的案板、锅铲、碗勺等用具应当用清洁剂洗净，充分漂洗，用沸水或消毒柜消毒后再用。最好能为宝宝单独准备一套烹饪用具，以避免交叉污染。

选择优质的原料

制作辅食的原料最好是没有化学物污染的绿色食品，尽可能新鲜，并仔细选择和清洗。

单独制作

宝宝的辅食一般都要求细烂、清淡，所以不要将宝宝辅食与成人食品混在一起制作。

用合适的烹饪方法

制作宝宝辅食时，应避免长时间炖煮、油炸、烧烤，以减少营养素的流失。应根据宝宝的咀嚼和吞咽能力及时调整食物的质地，食物的调味也要根据宝宝的需要来调整，不能以成人的喜好来决定。

现做现吃

隔顿食物的味道和营养都大打折扣，且容易被细菌污染，因此不要让宝宝吃上顿吃剩的食物。为了方便，在准备生的原料（如肉糜、碎菜等）时，可以一次多准备些，然后根据宝宝每次的食量，用保鲜膜分开包装后放入冰箱保存。但是，这样保存食品的时间也不应超过3天。

给宝宝添加辅食要有耐心

对于一个习惯吃奶的宝宝来说，从流质食物逐渐过渡到稀糊状、糊状、半固体、固体食物，从单一的味道到甜、酸、咸；从乳头、奶瓶喂养到使用勺子、筷子自己进食，是一个需要逐步学习、逐渐适应的过程，需要半年或更长的时间。

给宝宝添加辅食需要妈妈的耐心和细心。据研究，一种新的食物往往要经过15～20次的接触之后，才能被宝宝接受。而且，宝宝接受某种半固体食物的时间还有个体差异，短的为一两天，长的要一周多。因此，当宝宝拒绝新食物，或对新的食物吃吃吐吐时，妈妈不能采用强迫的手段，以免使宝宝对这种食物产生反感，也不要认为宝宝不喜欢这种食物而放弃添加，应该变换做法，在宝宝情绪比较好的时候反复地尝试。如果宝宝性格比较温和、吃东西速度比较慢，也千万不要责备和催促，以免引起他对进餐的厌恶。

 ## 水果的选择和清洗

选择当地新鲜的水果

给宝宝吃的水果最好是供应期比较长的当地时令水果，如苹果、橘子、香蕉、西瓜等。水果长期存放后维生素含量会明显降低，而腐烂、变质的水果更是有害人体健康，因此一定要为宝宝选择新鲜的水果。

制作果汁、果泥前，要将水果清洗干净

苹果、梨等水果应先洗净，浸泡15分钟（尽可能去除农药），用沸水烫30秒后去掉水果皮。切开食用的水果（如西瓜）前，也应将外皮用清水洗净后，再用清洁的水果刀切开，切勿用切生菜的菜刀，以免被细菌污染。小水果（如草莓、葡萄、杨梅等）皮薄或无皮，果质娇嫩，应该先洗净，用清水浸泡15分钟。

蔬菜的挑选和清洗

最好选择新鲜蔬菜

给宝宝吃的蔬菜最好选择无公害的新鲜蔬菜。如果没有条件用这样的蔬菜，应尽可能挑选新鲜、病虫害少的蔬菜，千万不要购买有浓烈农药味或不新鲜的蔬菜。

蔬菜买回来后应该仔细清洗

为避免有毒化学物质、细菌、寄生虫的危害，买回来的蔬菜应先用清水冲洗蔬菜表层的脏物，适当除去表面的叶片，然后将清洗过的蔬菜用清水浸泡半小时到1小时，最后再用流水彻底冲洗干净。根茎类和瓜果类的蔬菜（如胡萝卜、土豆、冬瓜等）去皮后也应再用清水冲洗。还可以把蔬菜先用开水焯一下，然后再炒。

Q 宝宝每个月甚至每一天都有不同的变化，那么我该怎么帮助宝宝在不同的成长阶段添加辅食呢？

A 这个问题正是我们这一章要回答的，宝宝每个月都会发生让你始料不及的变化，这是宝宝成长的过程，既离不开爸爸妈妈精心的呵护，也离不开宝宝每日所摄取的营养。所以，爸爸妈妈在给宝宝准备辅食时，要根据宝宝的生长发育特点来添加。希望这一章的讲述能够对你有所帮助。

第 2 章

断奶初期

（出生后 4～6 个月）

世界卫生组织提倡母乳喂养幼儿至少一周岁，母乳是宝宝最安全、最富营养的食品。它含有宝宝0～6个月所需的所有营养，因此，妈妈最好在宝宝6个月后仍坚持母乳喂养，并根据宝宝自身发育情况适当添加辅食。

断奶初期的饮食喂养课堂

吃母乳的宝宝需要喂水吗

一般来说，出生6个月的宝宝用纯母乳喂养时，可以不额外喂水。

母乳中的水分基本能满足宝宝的需要

母乳中含有宝宝成长所需的一切营养，特别是母乳70%～80%的成分都是水，足以满足宝宝对水分的要求。

给宝宝喂水多了可能间接造成母乳分泌减少

如果过多地给宝宝喂水，会抑制宝宝的吮吸能力，使他主动吮吸的母乳量减少，不仅对宝宝的成长不利，还会间接造成母乳分泌减少。

必要时适当喂水也无妨

母乳喂养的宝宝可以不额外喂水，并不是说一点水都不能给宝宝喂，偶尔给宝宝喂点水是不会有不良影响的。特别是当宝宝生病发烧时，夏天常出汗而妈妈又不方便喂奶或宝宝吐奶时，宝宝都比较容易出现缺水现象，这时喂点水就非常必要了。

"芝宝贝"喂养经

人工喂养或混合喂养的宝宝每天需要适当喂水，一般安排在两次哺喂的中间。

如何给宝宝喂蔬菜汁、水果汁

给宝宝添加蔬菜汁、果汁时，一般先喂稀释的果蔬汁，量也要少一些，以免引起宝宝腹泻或呕吐，然后逐渐加浓，等宝宝适应了果蔬汁的味道、消化道也无接受问题、能消化果蔬汁后，可逐渐改为直接喂原汁。喂果蔬汁时要多观察宝宝的大便，如果有拉稀现象，可暂停添加，看看是否是果蔬汁不被消化所致，如果是就要调整果蔬的种类。一般苹果汁有助于宝宝的消化，番茄汁和油菜汁喂多了

可能使宝宝大便变稀，西瓜有助于宝宝夏季清火解暑，妈妈可根据自己宝宝的消化特点和季节变化予以选择和调理。

宝宝的蔬菜汁中能加味精吗

科学研究表明，味精对婴幼儿，特别是几周以内的宝宝生长发育有严重影响。它能使婴幼儿血中的锌转变为谷氨酸锌随尿排出，造成体内缺锌，影响宝宝生长发育，并产生智力减退和厌食等不良后果。有些妈妈认为宝宝的菜汁中加些味精，能使菜汁味道鲜美，增强宝宝的食欲，其实这样常常会适得其反，造成宝宝厌食。因为锌具有改善食欲和消化功能的作用。在人体的唾液中

存在的一种味觉素，是一种含锌的化学物质，它对味蕾及口腔黏膜起着重要的营养作用，而加味精导致缺锌可使味蕾的功能减退，甚至导致味蕾被脱落的上皮细胞堵塞，使食物难以接触味蕾而影响味觉，品尝不出食物的美味而不想吃饭。因此，产后3个月以内的母乳和婴幼儿菜汁内不要加入味精。

何时添加淀粉类辅食

许多妈妈在碰到宝宝食欲旺盛，半夜三更常出现饥饿性哭闹时，认为淀粉类食物耐饥，故晚上睡觉前给宝宝喂米粉糊等，以求得夜间的安宁。也有的妈妈因母乳不够而给宝宝添加米粉等，以为既有营养又能满足宝宝的食欲，但殊不知过早添加淀粉类辅食会影响宝宝的正常发育。

导致宝宝消化不良

出生后至4个月前的宝宝唾液腺发育尚不成熟，不仅口腔唾液分泌量少，淀粉酶的活力低，而且小肠内胰淀粉酶的含量也不足，如果这时盲目添加淀粉类辅食，常常会适得其反，导致宝宝消化不良。

造成宝宝虚胖

摄入过多的淀粉势必影响蛋白质的供给，造成宝宝虚胖，俗称"泥糕样"体质，严重的宝宝还会出现营养不良性水肿。

影响其他营养素的供给

淀粉类辅食的过早添加还直接影响乳类中钙、磷、铁等营养物质的供给，对宝宝正常发育产生不利的影响。

怎样逐步添加米粉

宝宝长到4~6个月时，应该及时科学添加辅食，其中很重要的就是宝宝米粉。米粉是宝宝吃的第一种固体食物。对宝宝来说，米粉容易吸收，安全，不容易引起过敏。

爸爸妈妈应多选择铁强化米粉，它含铁丰富，可以帮助宝宝补充铁，预防贫血。对添加辅食的宝宝来说，宝宝米粉相当于我们成人吃的主粮，其主要营养成分是碳水化合物，是宝宝一天需要的主要能量来源。因此，及时而正确地给宝宝添加米粉非常重要。

正确冲调宝宝米粉

冲调米粉的水温要适宜。水温太高，米粉中的营养容易流失；水温太低，米粉不溶解，混杂在一起会结块，宝宝吃了易消化不良。比较合适的水温是70～80℃。冲调好的米粉不宜再烧煮，否则米粉里水溶性营养物质容易被破坏。

从单一种类的营养米粉开始

起初，先给宝宝添加单一种类、第一阶段的宝宝营养米粉，假若宝宝对某种特定的米粉无法接受或添加后有消化不良现象，就可以确定那种米粉不适合宝宝。

更换口味需相隔数天

试吃第一种米粉后，如宝宝未出现不良反应，可隔3～5天再添加另一种口味的第一阶段米粉。每次为宝宝添加新口味的食物都应与上次相隔数天。

进食量由少到多

给宝宝喂食米粉时，要逐渐增加米粉的稠度，最初调制的米粉应该是稀薄的，宝宝适应以后再逐渐增加稠度；逐渐增加米粉的量，从每次喂1～2勺开始，宝宝适应以后，慢慢增加到3～4勺，每天喂1～2次。

宝宝吐出食物，妈妈需耐心对待

对宝宝来说，每次第一口尝试新食物，都是一种全新的体验。他可能不会马上吞下去，或者扮一个鬼脸，或者吐出食物。这时，妈妈可以等一会儿再继续尝试。有时可能要尝试很多次后，宝宝才会吃这些新鲜口味的食物。

米粉可以吃多长时间

宝宝吃米粉并没有具体的期限，一般是在宝宝的牙齿长出来，可以吃粥和面条时，就可以不吃米粉了。

"芝宝贝"喂养经

米粉主要含碳水化合物，虽然碳水化合物是人体摄入量最多的一种营养素，但吃得过多也不利于健康，会对宝宝造成以下几方面的影响：

引起肥胖。过多的碳水化合物会在体内转变成脂肪，引起肥胖。

造成其他营养素的缺乏。宝宝过多摄入碳水化合物后就会少吃其他营养丰富的食品，不仅容易造成蛋白质、脂肪以及脂溶性维生素缺乏，而且会造成钙、铬等矿物质的缺乏。

导致免疫力低下。宝宝期的宝宝摄入过多碳水化合物，会导致免疫力低下，容易患传染性疾病。

如何循序渐进地添加水果泥及蔬菜泥

添加水果泥和蔬菜泥的方式与米粉相同，每次只添加一种，隔几天再添加另一种，要注意宝宝是否对食物过敏。

口味先从单一开始

先给宝宝吃单一种类的水果泥或蔬菜泥，然后再添加其他口味。待宝宝吃辅食的能力逐渐提高后，便可增加这些食物的喂食量。

先让宝宝尝试吃蔬菜泥

虽然从营养的角度来看，进食的次序并不是很重要，但由于水果较甜，宝宝会较喜欢，所以一旦宝宝养成对水果的偏爱之后，就很难对其他蔬菜感兴趣了，所以先从添加蔬菜泥开始。

进食分量由少到多

初次进食从1汤勺开始，随着时间的推移，逐步增加宝宝的食用分量。

怎样添加蛋黄

宝宝出生4个月后，体内从母体中带来的铁质贮存基本上消耗完了。无论是母乳喂养还是人工喂养的宝宝，此时都需要开始添加一些含铁丰富的辅食，鸡蛋黄是比较理想的食品之一。

鸡蛋黄里不仅含有丰富的铁，也含有宝宝需要的其他各种营养素，而且比较容易消化，添加也很方便。

鸡蛋黄的添加方法

一种方法是把鸡蛋煮熟，注意不能煮的时间太短，以蛋黄恰好凝固为宜，然后将蛋黄剥出，用小勺碾碎，直接加入煮沸的牛奶中，搅拌均匀，等牛奶稍凉后即可喂哺宝宝。还有一种方法是鸡蛋煮熟后，直接把蛋黄取出碾碎，加少量开水或肉汤拌匀，用小勺喂给宝宝。前一种方法可使宝宝不知不觉中吃下蛋黄，后一种方法对有些尚不适应用小勺吃东西的宝宝，可能会有些困难。

添加鸡蛋黄应逐步加量

开始可以先喂一个鸡蛋黄的1/4，如果宝宝消化得很好，大便正常，无过敏现象，可以逐步加喂到1/2个、3/4个鸡蛋黄，直至1岁后就可以喂整个鸡蛋黄了。

蛋黄不可作为第一次辅食

因为蛋黄容易引起宝宝过敏，所以最开始添加辅食的时候，一定要加最不容易引起宝宝过敏的纯米粉，而不要添加蛋黄、蔬菜之类的米粉。待添加一段时间的纯米粉之后，再逐渐加蛋黄给宝宝吃。

 为什么不能给宝宝多吃糖粥

由于宝宝喜欢甜味，有的妈妈误认为糖粥是营养品便常常以糖代菜，给宝宝喂糖粥。

其实，糖粥中主要是碳水化合物，蛋白质含量低（尤其是植物蛋白质），缺乏各种维生素及矿物质。长期吃糖粥使宝宝看起来白白胖胖，但生长发育落后，肌肉松弛，免疫功能降低，容易发生各种维生素缺乏症、缺铁性贫血、缺锌等疾病。另外，长期吃糖粥还会导致龋齿。

"芝宝贝" 喂养经

不要给新生宝宝喂糖水，因为母乳中含有足够的水分足以保证宝宝的需要，宝宝不会感到口渴。如果给宝宝喂糖水，会影响宝宝的食欲，减少宝宝吸吮的力度，降低对乳头的刺激，使母乳分泌量减少，甚至还有可能造成奶瓶错觉而拒绝母乳，导致母乳喂养失败。另外，糖水会使宝宝胃内产气增加易引起腹胀，使用奶嘴喂糖水则容易增加感染的机会。

 宝宝吃辅食总是噎住怎么办

有时，宝宝吃新的辅食后有些恶心、哽噎，这样的经历是很常见的，妈妈们不必过于紧张。

只要在喂哺时多加注意就可以避免。例如，应按时、按顺序地添加辅食，从半流质到糊状、半固体、固体，让宝宝有一个适应、学习的过程；一次不要喂食太多；不要喂太硬、不易咀嚼的食物。

给宝宝添加一些特制的辅食

为了让宝宝更好地学习咀嚼和吞咽的技巧，还可以给他一些特制的小馒头、磨牙棒、磨牙饼、烤馒头片、烤面包片等，供宝宝练习啃咬、咀嚼技巧。

不要因噎废食

有的妈妈担心宝宝吃辅食时噎住，于是推迟甚至放弃给宝宝喂固体食物，因噎废食。有的妈妈到宝宝两三岁时，仍然将所有的食物都用粉碎机粉碎后才喂给宝宝，生怕噎住宝宝。这样做的结果是宝宝不会"吃"，食物稍微粗糙一点就会噎住，甚至会把前面吃的东西都吐出来。

抓住宝宝咀嚼、吞咽敏感期

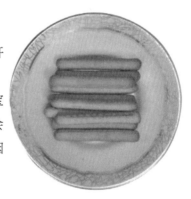

宝宝的咀嚼、吞咽敏感期从4个月左右开始，7~8个月时为最佳时期。过了这个阶段，宝宝学习咀嚼、吞咽的能力下降，此时再让宝宝开始吃半流质或泥状、糊状食物，宝宝就会不咀嚼地直接咽下去，或含在口中久久不肯咽下，常常引起恶心、哽噎。

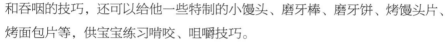

宝宝食物过敏怎么办

宝宝的肠道功能还未发育完善，肠道的屏障功能还不成熟，食物中的某些过敏原可以通过肠壁直接进入体内，触发一系列的不良反应，这就是食物过敏。

31

容易出现过敏的月龄和常见食物

宝宝食物过敏的高发期在1岁以内，特别是刚开始添加辅食的4~6个月。引起过敏的常见食物有鸡蛋、牛奶、花生、大豆、鱼及各种食品添加剂等。

食物过敏的主要表现

食物过敏主要表现为在进食某种食物后出现皮肤、胃肠道和呼吸系统的症状。皮肤反应是食物过敏最常见的临床表现，如湿疹、丘疹、斑丘疹、荨麻疹等，甚至发生血管神经性水肿，严重的可以发生过敏性剥脱性皮炎。如果宝宝患有严重的湿疹，经久不愈，或在吃某种食物后明显加重，都应该怀疑是否有食物过敏存在。食物过敏时还经常有胃肠道不适的表现，如恶心、呕吐、腹泻、肠绞痛、大便出血等。此外，还可能有呼吸系统症状，如鼻充血、打喷嚏、流鼻涕、气急、哮喘等。

怎样防治食物过敏

要防治宝宝食物过敏，在给宝宝添加辅食时需注意：

按正确的方法添加辅食，并观察有无不良反应。在给宝宝添加辅食时，要按正确的方法和顺序，先加谷类，其次是蔬菜和水果，然后是肉类。每添加一种新食物时，都要细心观察是否出现皮疹、腹泻等不良反应。如有不良反应，则应该停止喂这种食物。隔几天后再试，如果仍然出现前述症状，则可以确定宝宝对该食物过敏，应避免再次进食。

找出引起过敏的食物并且避免吃这种食物。这是目前预防食物过敏的唯一方法。然而要准确地找出致敏食物并非易事。妈妈应耐心、细致地观察宝宝进食各种食物与产生过敏症状之间的关系，最好能记"食物日记"。妈妈也可通过对宝宝食物过敏的筛查性检查，初步找出可能的致敏食物，然后通过食物激发实验来确认致敏食物。从宝宝食谱中剔除这种食物后，必须用其他食物替代，以保持宝宝的膳食平衡。

"芝宝贝"喂养经

确认致敏食物必须谨慎，如果武断地将某类食物完全从宝宝膳食中去除（如把鱼类全部去除），则可能导致宝宝营养不良。

可以把各种辅食混在一起喂宝宝吗

当妈妈逐渐给宝宝加蛋黄、菜泥、果泥、米粉以后，宝宝一顿饭可能吃到3~4种辅食，这时有的妈妈可能想干脆将几种辅食搅拌在一起让宝宝一次吃完得了，这种做法倒是省事，却是极其错误的。

4~6个月是宝宝的味觉敏感期，所以给宝宝吃各种不同的食物，不仅要让宝宝得到营养，还要让宝宝尝试不同的口味，让宝宝逐渐分辨出这是蛋黄的味道，那是菜泥的味道，这是米粉的味道……也就是说，对于各种不同的味道，宝宝要有一个分辨的过程，如果妈妈将各种辅食混在一起，宝宝会尝不出具体的味道，对宝宝味觉发育没有好处。

宝宝特别喜欢吃某种食物怎么办

有些宝宝在添加辅食后，对某种甜的或咸的食物特别感兴趣，会一下子吃很多，同时会拒绝喝奶和吃其他辅食。对这种宝宝，妈妈可不能由着他。

不要让宝宝养成偏食、挑食的习惯。不偏食、不挑食的良好饮食习惯应该从添加辅食时开始培养。在添加辅食的过程中，应该尽量让宝宝多接触和尝试新的食物，丰富宝宝的食谱，讲究食物的多样化，从多种食物中得到全面的营养，达到平衡膳食的目的。

对某种食物吃得过多易造成宝宝胃肠道功能紊乱。不加限制地让宝宝吃不但可能使宝宝吃得过多，造成胃肠道功能紊乱，还会破坏宝宝的味觉，使宝宝以后反而不喜欢这种味道了。

大人可以嚼饭给宝宝吃吗

为了让宝宝吃不易消化的固体食物，许多老人会先将食物放在自己嘴里嚼碎后，再用匙或手指送到宝宝嘴里，有的甚至直接口对口喂。他们认为这样给宝宝吃东西容易消化。实际上这是一种极不卫生、很不正确的喂养方法和不良习惯，对宝宝的健康危害极大，应当禁止。

食物经嚼后，香味和部分营养成分已受损失。嚼碎的食糜，宝宝囫囵吞

下，未经自己的唾液充分搅拌，不仅食不知味，而且加重了胃肠负担，造成营养缺乏及消化功能紊乱。

影响宝宝口腔消化液的分泌功能，使咀嚼肌得不到良好的发育。宝宝自己咀嚼可以刺激牙齿的生长，同时还可以反射性地引起胃内消化液的分泌，以帮助消化，提高食欲。口腔内的唾液也可因咀嚼而产生更多分泌物，更好地滑润食物，使吞咽更加顺利进行。

会使宝宝感染某些呼吸道的传染性疾病。如果大人患有流感、流脑、肺结核等疾病，

自己先咀嚼后再嘴对嘴地喂宝宝，很容易经口腔、鼻腔将病菌或病毒传染给宝宝。

会使宝宝患消化道传染病。即使是健康人，体内及口腔中也常常寄带一些病菌。病菌可以通过食物，由大人口腔传染给宝宝。大人因抵抗力强，虽然带有病菌也可以不发病，而宝宝的抵抗力差，病菌到了他的体内，就会发生如肝炎、痢疾、肠寄生虫等疾病。

 ## 需要制止宝宝"手抓饭"吗

从六七个月开始，有些宝宝就已经开始自己伸手尝试抓饭吃了，许多妈妈都会竭力纠正这样"没规矩"的行为。实际上，只要将手洗干净，妈妈应该让1岁以内的宝宝用手抓食物来吃，这样有利于宝宝以后形成良好的进食习惯。

亲手接触食物才会熟悉食物

宝宝学吃饭实质上也是一种兴趣的培养，这和看书、玩耍没有什么两样。起初，他往往喜欢用手来拿食物、抓食物，通过摸等动作初步熟悉食物。用手拿、用手抓，就可以掌握食物的形状和特性。从科学的角度而言，根本就没有宝宝不喜欢吃的食物，只是在于接触次数的频繁与否。而只有这样反复亲手接触，他对食物才会越来越熟悉，将来就不太可能挑食。

自己动手吃饭有利于宝宝双手的发育

宝宝在自己吃饭时，可以训练双手的灵巧性，而且宝宝自己吃饭的行为过程，可以加速宝宝手臂肌肉的协调和平衡能力。

手抓饭让宝宝对进食有兴趣

手抓食物的过程对宝宝来说就是一种娱乐，只要将手洗干净，妈妈甚至应该允许1岁以内的宝宝"玩"食物，比如，米糊、蔬菜、土豆等，以培养宝宝自己挑选、自己动手的愿望。这样做会使宝宝增强对食物和进食信心和兴趣，促进良好的食欲。

 ## 4个月宝宝营养需求及一日饮食参考

宝宝的营养需求

出生后的第4个月，宝宝体内的铁、钙、叶酸和维生素等营养元素会相对缺乏。为满足宝宝成长所需的各种营养素，从这一阶段起，妈妈就应该适当给宝宝添加淀粉类和富含铁、钙的辅助食物了。

一日营养参考

主食：母乳或母乳+配方奶	
餐次	上午：6：00、12：00
	下午：15：00
	晚间：21：00、24：00
用量	每次喂100~180毫升
添加食物：婴儿营养米粉、蔬菜泥、水果泥等	
餐次	上午9：00添喂婴儿营养米粉
	下午18：00添喂蔬菜泥或水果泥
用量	每次20~30克
鱼肝油	每天1次，每次1粒
其他	保证饮用适量白开水或蔬菜汁、水果汁

宝宝的营养需求

此阶段的宝宝生长发育迅速，应当让宝宝尝试更多的辅食种类。在第4个月添加的果泥、菜泥和蛋黄的基础上，这个阶段可以再添加一些稀粥或汤面，还可以开始添加鱼、肉。当然，宝宝的主食还应以母乳或配方奶为主，辅食的种类和具体添加的多少也应根据宝宝的消化情况而定。

一日营养计划

主食：母乳或母乳+配方奶	
餐次	上午：6：00、12：00 下午：15：00 晚间：21：00、24：00
用量	每次喂100～180毫升
添加食物：婴儿营养米粉、蔬菜泥、水果泥、稀粥、汤面等	
餐次	上午9：00添喂婴儿营养米粉或稀粥、汤面 下午18：00添喂蔬菜泥或水果泥
用量	每次20～30克
鱼肝油	每天1次，每次1粒
其他	保证饮用适量白开水或蔬菜汁、水果汁

6个月宝宝营养需求及一日饮食参考

宝宝的营养需求

从第6个月起，宝宝身体需要更多的营养物质和微量元素，母乳已经逐渐不能完全满足宝宝生长的需要，所以，依次添加其他食品越来越重要。这个阶段的宝宝还可以开始吃些肉泥、鱼泥、肝泥。其中鱼泥的制作最好选择平鱼、黄鱼、马鱼等肉多、刺少的鱼类，这些鱼便于加工成肉泥。

"芝宝贝"喂养经

肉对宝宝而言是不易消化的，因此，初喂肉泥时一定要把肉剁碎一些。

一日营养计划

主食：母乳或母乳+配方奶	
餐次	上午：6：00、12：00
	下午：15：00
	晚间：21：00、24：00
用量	每次喂150~200毫升
添加食物：奶糊、汤面、蔬菜泥、鱼泥、肉泥、鸡蛋黄等	
餐次	上午9：00
	下午18：00
用量	各类辅食调剂食用，每次50~80克
鱼肝油	每天1次，每次1粒
其他	保证饮用适量白开水或蔬菜汁、水果汁

断奶初期食谱推荐

草莓汁

原料

草莓3～4个（约50克），水20毫升。

做法

将草莓洗净、切碎，放入小碗，用勺碾碎，然后倒入过滤漏勺，用勺挤出汁，加水拌匀。

巧手厨房

用榨汁机制成的汁会有一层沫，用小勺舀去，再加水调和。

"芝宝贝"喂养经

人工喂养或混合喂养的宝宝可以在出生4个月后添加辅食，纯母乳喂养的宝宝可以在出生6个月后添加辅食。

营养便利贴

草莓中所含的胡萝卜素是合成维生素A的重要物质，具有养肝明目的作用。草莓还有丰富的果胶和不溶性纤维，可以帮助消化、通畅大便。

胡萝卜汁

 原料

胡萝卜1根，
水30~50毫升。

 做法

1. 将胡萝卜洗净，切小块。

2. 把胡萝卜放入小锅内，加水煮沸，用小火煮10分钟。

3. 过滤后将汁倒入小碗。

营养便利贴

胡萝卜含有丰富的维生素A，具有促进机体正常生长及保护视力的作用，胡萝卜中富含的胡萝卜素还能增强人体免疫力。

"芝宝贝"喂养经

胡萝卜素一般在靠近皮下的部位含量最多，所以在削胡萝卜皮时尽量削得薄一点。有的妈妈担心胡萝卜直接生长在土壤中，易受到污染，可以将胡萝卜提前浸泡，充分洗净后，再轻轻削一层薄皮，再给宝宝制作辅食。

猕猴桃汁

原料

猕猴桃1/2个，水30毫升。

做法

将熟透的猕猴桃剥皮切半，切碎，放入小碗，用勺碾碎，倒入过滤漏勺中，挤出汁，加水拌匀。

营养便利贴

猕猴桃含有多种维生素、氨基酸及锌、铁、铜等微量元素，并含有大量的果胶，而且热量低，很适合宝宝食用。多吃猕猴桃还可以预防宝宝铅超标。容易便秘的宝宝喝点儿猕猴桃汁可起到降火、缓解便秘。

"芝宝贝"喂养经

很多爸爸妈妈喜欢给宝宝喂蜂蜜水，蜂蜜含有多种营养成分，营养价值比较高，历来被认为是滋补的上品，但1岁以内的宝宝不宜食用。这是因为蜜蜂在采蜜时，难免会采集到一些有毒的植物花粉，或者将致命病菌肉毒杆菌混入蜂蜜，宝宝食用以后会出现不良反应，比如，便秘、疲倦、食欲减退等。另外，蜂蜜中还可能含有一定的雌性激素，如果长时间食用，可能导致宝宝提早发育。

苹果汁

原料

苹果适量。

做法

将苹果削去皮和核，用擦菜板擦出丝，用干净纱布包住苹果丝挤出汁。

巧手厨房

如果家里没有榨汁机，可以用勺刮下苹果肉，放小汤锅中加少许水熬煮成苹果汁。

营养便利贴

苹果中含有丰富的糖、蛋白质、钙、磷、铁等营养素。苹果中特有的苹果酚可以提高宝宝的抗过敏能力，是不容易造成宝宝过敏的水果，所以建议宝宝第一次的果汁添加就从苹果汁开始。

"芝宝贝"喂养经

苹果汁分为熟制和生制两种，熟制即将苹果煮熟后过滤出汁。熟苹果汁适合于胃肠道功能弱，消化不良的宝宝，生苹果汁适合消化功能好，大便正常的宝宝。另外，苹果肉接触到空气后会发生氧化变色，所以爸爸妈妈在给宝宝喂食苹果汁时不易将其暴露于空气中过久，否则会使维生素C遭到破坏。

黄瓜汁

原料

黄瓜1/2根。

做法

1. 将黄瓜去皮，用擦菜板擦丝。

2. 用干净纱布包住黄瓜丝挤出汁来。也可用榨汁机榨。

营养便利贴

黄瓜含有丰富的维生素、水分以及多种对人体有益的矿物质，不仅有助于宝宝营养的全面补充，还可促进宝宝大脑的发育。

芝宝贝喂养经

黄瓜皮层有很多小棱和毛刺，并且多数呈弯曲状，沟槽内藏有大量杂物，因此，黄瓜需用硬毛刷刷洗，再用清水洗净方可食用。

胡萝卜苹果汁

原料

苹果1个，胡萝卜1/2根，菠萝片1份（约20克），冷开水50毫升。

做法

将苹果及胡萝卜分别洗净、切丁，并与菠萝片及少量冷开水一起加入果汁机中磨碎榨汁，倒入杯中即可饮用。

营养便利贴

此果汁提供丰富的胡萝卜素、维生素C及膳食纤维。

"芝宝贝"喂养经

爸爸妈妈应如何为宝宝选择鱼肝油呢？选择不含防腐剂、色素的鱼肝油，避免宝宝叠加中毒；选择不加糖分的鱼肝油，以免影响钙质的吸收；选择新鲜纯正口感好的鱼肝油，使宝宝更愿意服用；选择单剂量胶囊型的鱼肝油，避免二次污染；选择铝塑包装的鱼肝油，避免维生素A、维生素D氧化变质；注意选择科学配比3：1的鱼肝油，避免维生素A过量，导致宝宝中毒。

米汤

原料

大米1勺，水1000毫升。

做法

1. 将米洗净后泡2小时，再入锅加水煮沸，小火煮至水减半时将火关掉。
2. 将煮好的米粥过滤只留米汤。

"芝宝贝"喂养经

开始喂米汤也可以加在奶里喂，量要逐渐增加。

营养便利贴

米汤含有丰富的蛋白质、碳水化合物、钙、磷、铁、B族维生素等营养素，能刺激胃液的分泌，有助于消化。

米粉糊

营养米粉10克，冲好的配方奶或水70毫升。

做法

1. 先将奶或水加热至沸腾，倒入碗中略晾温。

2. 将营养米粉慢慢倒入，一边倒一边搅至黏稠。

营养便利贴

有的米粉是按照宝宝的月龄来分阶段的。如第一阶段是4~6个月的宝宝米粉，这个阶段的米粉中主要添加和强化的是蔬菜和水果，而不是荤的食物，这样有利于宝宝的消化。第二阶段是6个月以后，此时宝宝米粉里常常会添加一些鱼、肝泥、牛肉、猪肉等，营养更为广泛。

芝宝贝喂养经

如果宝宝不是对牛奶蛋白过敏，最好用配方奶粉来调配米粉，不仅营养丰富，还能让母乳喂养的宝宝逐渐适应奶粉的味道，为其将来停掉母乳做好准备。在宝宝习惯了米粉的基础上，可以将菜泥加入米粉。

米粥油

原料

100克小米或粳米（任意一种）。

做法

1. 把米淘洗干净，大火煮开，再改成小火慢慢熬成粥。

2. 粥熬好后，放置5分钟，然后再用平勺舀取上面不含米粒的米粥油，待温度适中即可喂给宝宝。

营养便利贴

小米或粳米熬成的米粥油富含维生素，且口感好，是4~6个月宝宝理想的辅食。

芝宝贝喂养经

米粥熬得不要过稠，以便舀取上面的粥油。

47

南瓜羹

原料

甜南瓜10克，肉汤200毫升。

做法

1. 将南瓜去皮、去瓤，切成小块。
2. 将南瓜放入锅中倒入肉汤煮熟。
3. 边煮边将南瓜捣碎，煮至稀软。

营养便利贴

可为宝宝提供胡萝卜素、维生素A、维生素E等。

"芝宝贝"喂养经

南瓜蒸煮后比较软，有甜味，做成泥糊状也很适合宝宝食用。嫩南瓜和老南瓜相比，嫩南瓜中的维生素和葡萄糖较多，老南瓜中的胡萝卜素、钙、铁较多。

鱼肉羹

原料

海鱼肉、鱼汤、淀粉各适量。

做法

1.将海鱼洗净，去骨，去刺，去皮，剁成鱼蓉。

2.把鱼汤煮开，下入鱼蓉，用淀粉略勾芡，即可喂食宝宝。

"芝宝贝"喂养经

很多海鱼受水污染的影响，汞含量偏高，尤其是箭鱼、枪鱼、罗非鱼等深海食肉鱼。宝宝的解毒能力差、肝脏发育未完全，如果长期吃这些受污染的鱼，体内汞含量很可能超标，影响宝宝的健康。所以最好每周吃1~2次，并经常更换鱼的种类。

营养解说

鱼肉羹滑爽润泽，营养丰富，特别是蛋白质含量高。鱼肉营养价值极高，海鱼所含有的DHA有助于宝宝大脑的发育。经研究发现，宝宝经常食用鱼类，其生长发育比较快，智力的发展也比较好。

胡萝卜
奶羹

原料

　　胡萝卜25克，
婴儿米粉25克。

做法

　　1. 将胡萝卜
切丝，炒熟，捣
成泥。

　　2. 米粉和胡
萝卜泥调成糊状
即可。

"芝宝贝"喂养经

　　在宝宝喂养上，胡萝卜是一种十分常用的食材。一般从4个月开始，便可以给宝宝添加胡萝卜泥。一方面是补充宝宝成长所需的营养素；另一方面可以让宝宝尝试并适应新的食物，为今后顺利过渡到成人膳食打好基础。

营养便利贴

　　这道辅食可提供能量130千卡（占全天需要的能量15%），提供膳食纤维0.5克。其中的钙、磷、β-胡萝卜素、脂肪、碳水化合物和蛋白质含量较丰富。

蛋花
豆腐羹

原料

鸡蛋黄1/4个，南豆腐20克，骨汤150克。

做法

1. 鸡蛋黄打散，南豆腐捣碎。

2. 骨汤煮开放入豆腐，小火煮熟，并撒入蛋花。

营养便利贴

提供维生素A、维生素E和丰富的钙，铁等。

"芝宝贝"喂养经

如果宝宝是乳糖不耐症体质，可以用豆制品来代替配方奶。同时注意相比配方奶的进食量需要多吃一些，以达到同量配方奶所含的钙量。

虾泥蛋羹

原料

虾1只，鸡蛋黄1/4个，水、油各适量。

做法

1.将鸡蛋黄打入碗里，搅拌均匀。

2.剥出虾肉，取出虾线，并去掉虾肠，把虾放入水中煮熟，去皮。用勺子压住碾一下，用刀剁碎。

3.将虾泥放入打好的蛋黄里，加水，加油调匀，放入锅中小火蒸7分钟即可。

巧手厨房

选活虾时不要选发白发黄的，要选背部有点泛青的；选冰鲜虾时，要先看头再看皮，假如虾头发黑、虾皮发松、头身分离，说明虾已不新鲜，不能购买。

营养便利贴

虾含有丰富的蛋白质、脂肪和多种人体必需氨基酸及不饱和脂肪酸，是宝宝极佳的断奶食品。

"芝宝贝"喂养经

过敏体质的宝宝最好慎食虾和蛋黄。

豆腐糊

原料

嫩豆腐20克，肉汤适量。

做法

将嫩豆腐放入锅内，加入少量肉汤，边煮边用勺子研碎，煮好后放入碗内，研至光滑即可喂食。

营养便利贴

此道辅食含有丰富的植物蛋白质，既易于宝宝消化吸收，又能促进其生长。

"芝宝贝"喂养经

很多妈妈担心豆腐中所含的雌激素会导致宝宝早熟，其实大可不必担心，因为豆腐中所含植物雌激素只是少量的，每100克大豆中含植物雌激素仅为0.1克，这比含大量雌激素的动物性食品来说，对宝宝健康要安全得多。

菠菜糊

原料

菠菜、米粉各适量，油少许。

做法

1. 菠菜用开水焯过后，切碎，打汁。

2. 米粉加菠菜汁调成稀糊状。

3. 锅内烧少量水，等水开后将调好的糊倒进锅内，边倒边搅拌，煮沸后淋上油再烧一会即可。

营养便利贴

菠菜不仅含有大量的β-胡萝卜素，还富含维生素B$_6$、叶酸、铁等营养物质。其中叶酸是宝宝脑部发育不可缺少的营养素。

"芝宝贝"喂养经

菠菜用热水焯一下，可以去除其中的草酸，以免草酸与人体中的钙结合，形成对宝宝身体不利的草酸钙。

苹果泥

原料

苹果1/2个。

做法

用小勺轻刮苹果面，刮出细泥。

营养便利贴

苹果中的钾含量丰富，钾能调节细胞内适宜的渗透压和体液的酸碱平衡，参与细胞内糖和蛋白质的代谢，有助于维持神经系统健康、心跳规律、协助肌肉正常收缩。无论是母乳还是牛奶中，都含有丰富的钾，宝宝的吸收率可达90%以上，因此，不易产生钾缺乏症。

"芝宝贝"喂养经

夏日出汗多宝宝需补钾，这是因为夏季炎热，空气中湿度较大，比较闷热，宝宝活动量一多便会出大量的汗。如果出汗后的宝宝出现了四肢无力、疲惫嗜睡等症状，就表明宝宝出现了钾流失，这时候就应该给宝宝适量补充钾了。

鱼菜米糊

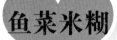

原料

米粉、鱼肉和青菜各15～25克。

做法

1. 将米粉加适量清水浸软，搅成糊，入锅，大火烧沸约8分钟。

2. 将青菜、鱼肉洗净后，分别剁泥，一起放入锅中，续煮至鱼肉熟透即可。

营养便利贴

　　鱼肉富含不饱和脂肪酸、DHA、优质蛋白质等营养素，加之米粉和青菜分别富含碳水化合物和维生素，可满足宝宝大脑对多种营养素的需求。

"芝宝贝"喂养经

　　最好挑选刺少的鱼，取鱼肚处的鱼肉，去刺，切成小块后研碎。

茄子泥

原料

嫩茄子1/2个。

做法

1. 将茄子切成1厘米的细条。

2. 把茄子条蒸10分钟蒸烂。

3. 将蒸烂的茄子用勺通过滤网挤成茄泥。

营养便利贴

茄子含有丰富的维生素B₁、维生素B₂、维生素P、胡萝卜素、蛋白质、脂肪以及铁、磷、钠、钙等矿物质，这些都是宝宝生长发育所必需的营养素。

"芝宝贝"喂养经

茄子一定选择嫩的，老茄子的籽不易吞咽。

香蕉泥

原料

香蕉1/5根（最好是香蕉的中段）。

做法

香蕉洗净，剥去白丝，切成小块，放入小碗，用勺碾成泥。

营养便利贴

香蕉含有大量的钾，是宝宝成长过程中不可缺少的营养元素。

"芝宝贝"喂养经

婴幼儿钾的日供给量为500～1000毫克。人体中多余的钾需要通过肾脏代谢，婴幼儿时期宝宝的肾脏功能比较弱，应该避免一次性过量食用富含钾的食物，否则会加重肾脏负担。

香蕉有很好的润肠作用，对便秘的宝宝有辅助治疗作用，但不要让宝宝吃太多，否则会拉肚子。

牛奶蛋黄糊

原料

鸡蛋黄1/4个，牛奶适量。

做法

将鸡蛋黄放碗中用勺子研碎，倒入牛奶搅拌成糊状即可。

营养便利贴

牛奶可提供热能和促进钙、镁、铁、锌等矿物质的吸收，有益于宝宝智力发育。鸡蛋中的大多数蛋白质都集中在蛋黄部分，此外蛋黄还富含脂溶性维生素、单不饱和脂肪酸、磷、铁等微量元素，对宝宝生长发育十分有益。

土豆泥

原料

土豆1/4个，水20毫升。

做法

1. 将土豆蒸软或煮软，剥皮。

2. 用勺把土豆碾成细泥，然后加水拌匀。

营养便利贴

土豆含有丰富的维生素B₁、维生素B₂、维生素B₆以及蛋白质、脂肪和优质淀粉等营养素。

"芝宝贝"喂养经

给宝宝吃土豆不必担心脂肪过剩，因为它只含有0.1%的脂肪。

在喂宝宝辅食时，最好选择光线柔和、温度适宜、相对安静的环境，可使宝宝心情舒畅、情绪安定，有利于食物营养的消化和吸收。

枣泥

原料

红枣3~6枚。

做法

1.将红枣洗净，蒸熟或煮熟。

2.待红枣稍凉时去皮去核，然后碾成枣泥。

营养便利贴

枣泥制作简单，味道也比较好，宝宝会很爱吃，但不要让宝宝吃得太多，造成膳食不平衡或便秘，每次2~4勺比较合适。最好现吃现做。

"芝宝贝"喂养经

红枣含有蛋白质、脂肪、糖类、有机酸、维生素A、维生素C、多种氨基酸等丰富的营养成分，有养血安神的功效。

南瓜泥

原料

南瓜20克，米汤500毫升，油适量。

做法

1.将南瓜削皮，去子。

2.淋点油清蒸（不加油会影响胡萝卜素的吸收），不要加水，蒸好后研成泥加汤调和，也可将南瓜和米汤放入锅内用小火煮。

营养便利贴

刚加辅食的宝宝吃南瓜泥较好，安全而且营养全面，含有丰富的叶酸、胡萝卜素等，还有润肺的作用，一般不会引发过敏。

"芝宝贝"喂养经

尽量不用清毒剂、清洗剂洗宝宝用的餐具和炊具、案板、刀等，还要注意，可以采用开水煮烫的办法保持厨具卫生。

鱼泥

原料

净鱼肉50克，水100毫升。

做法

1.将鱼肉洗净，加水清炖15~20分钟。

2.肉熟透后剔净皮、刺，用小勺弄成泥状即可。

巧手厨房

鱼的体表经常会有寄生虫和致病菌，因此做鱼时要把鱼鳞刮净，鱼腹内的黑膜去掉。

营养便利贴

提供丰富的动物蛋白、B族维生素等营养素。宝宝常食能促进发育，强健身体。

"芝宝贝"喂养经

要用新鲜的鱼做原料，一定要将刺剔除净，把鱼肉煮烂。

Q 我的宝宝喂奶时间没有规律，怎么安排喂辅食的时间呢？

A 有规律地安排好喂奶时间是最重要的。即使孩子饿得哭，也要按定好的时间给孩子喂奶，这样坚持1～2周后，喂奶时间就固定下来了。有时可能怎么努力也固定不下喂奶时间，这是可以先安排好喂饭时间，再以此为标准喂奶。

有时喂饭间隔只有1小时，但最重要的是让孩子养成同一时间段内吃饭的习惯，使他慢慢适应断奶生活。

第3章

断奶中期

（出生后7～9个月）

宝宝7～9个月后，能轻松地吃下婴儿小碗的半碗饭，可以自己吃点心，也可以不太娴熟地使用汤匙。妈妈给孩子喂饭时，孩子伸出手则表明她想吃饭。吃完饭后，还想吃的话，这说明该进入断奶中期了。这个时期，要多让孩子体验不同味道及可口的饭菜。

断奶中期的饮食喂养课堂

宝宝可以只吃米粉不吃五谷杂粮吗

米粉是妈妈给宝宝添加的第一种也是最主要的一种辅食，但从营养的角度考虑，在宝宝长出牙齿后就应该考虑让宝宝吃一些五谷杂粮了。

精粮养不出壮儿

米粉是精制的大米制成的，大米的主要营养在外皮中。在精制的过程中，包在大米外面的麸皮以及外皮中的成分都被剥离，最后剩下的精米的成分主要以淀粉为主。中国古话说的"精粮养不出壮儿"其实就是这个道理。

米粉的营养不如天然的食物吸收好

宝宝米粉中的营养是在后期加工中添进去的，也就是所谓的强化，强化辅食当然也可以给宝宝吃，但其吸收不如天然状态的食物好。

五谷杂粮中维生素B₁含量最高

经常有许多妈妈说宝宝晚上常哭吵，胃口又不好，以为是缺钙，可是在补充鱼肝油、钙剂一段时间后，宝宝还是吵闹。其实宝宝不是缺钙，而是缺少维生素B_1，维生素B_1在五谷杂粮中含量最高，所以，给宝宝吃五谷杂粮是非常重要的。

如何让宝宝合理吃粗粮

粗粮是相对于我们平时吃的大米、白面等细粮而言，主要包括谷类中的玉米、小米、紫米、高粱、燕麦、荞麦、麦麸以及各种干豆类，如黄豆、青

豆、红豆、绿豆等。宝宝7个月后就可以吃一点粗粮了，但添加需科学合理。

酌情、适量

如宝宝患有胃肠道疾病时，要吃易消化的低膳食纤维饭菜，以防发生消化不良、腹泻或腹部疼痛等症状。1岁以内的宝宝，每天粗粮的摄入量不可过多，以10~15克为宜。对比较胖或经常便秘的宝宝，可适当增加膳食纤维摄入量。

粗粮细做

为使粗粮变得可口，以增进宝宝的食欲、提高宝宝对粗粮营养的吸收率，从而满足宝宝身体发育的需求，妈妈可以把粗粮磨成面粉、熬成粥，或与其他食物混合加工成花样翻新的美味食品。

科学混吃

科学地混吃食物可以弥补粗粮中的植物蛋白所含的赖氨酸、蛋氨酸、色氨酸、苏氨酸低于动物蛋白这一缺陷，取长补短。如八宝稀饭、腊八粥、玉米红薯粥、小米山药粥等，都是很好的混合食品，既提高了营养价值，又有利于宝宝胃肠道消化吸收。

多样化

食物中任何营养素都是和其他营养素一起发挥作用的，所以宝宝的日常饮食应全面、均衡、多样化，限制脂肪、糖、盐的摄入量，适当增加粗粮、蔬菜和水果的比例，并保证优质蛋白质、碳水化合物、多种维生素及矿物质的摄入，只有这样，才能保证宝宝的营养均衡合理，有益于宝宝健康地生长发育。

"芝宝贝"喂养经

有的宝宝吃粗粮后，可能出现暂时性腹胀和过多排气等现象，这是一种正常的生理反应，逐渐适应后，胃肠会恢复正常，妈妈不用担心。

什么时候可以给宝宝添加固体辅食

5个月前的宝宝由于牙齿尚未长出，消化道中淀粉等食物的酶分泌量较低，肠胃功能还较薄弱，神经系统和嘴部肌肉的控制力也较弱，所以一般吃流质辅食比较好。但到7个月时，大部分宝宝已长出2颗牙，其口腔、胃肠道能消化淀粉类食物的唾液酶的分泌功能也已日趋完善，咀嚼能力和吞咽能力都有所提高，舌头也变得较灵活，此时就可以让宝宝锻炼着吃一些固体辅食了。

"芝宝贝"喂养经

如果总是给宝宝进食流质食物，就会推迟牙齿的萌出，也会妨碍咀嚼能力的提高。

宝宝食欲减退怎么办

刚开始添加辅食时，宝宝可能吃得很好，但7～9个月时食欲会突然减退，甚至连母乳或配方奶也不想吃。这种情况的原因是多方面的。

现在宝宝体重增加的速度比前半年慢，食物需要量相对少一些；陆续出牙引起不适；对食物越来越挑剔；宝宝自己开始有主见，所以要拒绝。

对这种情况，只要排除了疾病和偏食因素，就应该尊重宝宝的意见。食欲减退与厌食不同，可能是暂时的现象，

妈妈过于紧张或强迫宝宝吃，会增大宝宝的厌食心理，使食欲减退现象持续更长时间。

 ## 宝宝厌食怎么办

宝宝厌食是妈妈比较头痛的问题，辅食阶段的宝宝食品来源单一，一旦拒吃辅食，妈妈肯定十分着急。可是急是没有用的，妈妈可以根据以下几条线索，找到宝宝不爱吃辅食的原因，然后"对症下药"。

患病

宝宝健康状况不佳，如感冒、腹泻、贫血、缺锌、急慢性或感染性疾病等，往往会影响宝宝的食欲，这种情况，妈妈就需要请教医生进行综合调理。

饮食单调

有些宝宝会因为妈妈添加的食物色、香、味不好而食欲不振。所以，妈妈在制作宝宝辅食时需要多花点儿心思，让宝宝的食物多样化，即使相同的食物也尽量多做些花样出来。

爱吃零食

平时吃零食过多或饭前吃了零食的情况在厌食宝宝中最为多见。一些宝宝每天在正餐前吃大量的高热量零食，特别是饭前吃巧克力、糖、饼干、点心等，虽然量不大，但宝宝血液中的血糖含量过高，没有饥饿感，所以到了吃正餐的时候就根本没有胃口，过后又以点心充饥，造成恶性循环。所以，给宝宝吃零食不能太多，尤其注意不能让宝宝养成饭前吃零食的习惯。

寝食不规律

有的宝宝晚上睡得很晚，早晨八九点不起床，耽误了早饭，所以午餐吃得过多，这种不规律的饮食习惯会使宝宝胃肠极度收缩后又扩张，造成宝宝胃肠功能紊乱。妈妈应着手调整宝宝的睡眠时间，培养宝宝规律的作息时间。

喂养方法不当

厌食还与妈妈对宝宝进食的态度有关。有的妈妈认为，宝宝吃得多对身体有好处，就想方设法让宝宝多吃，甚至端着碗逼着吃。久而久之，宝宝会对吃饭形成一种恶性条件刺激，见饭就想逃避。

宝宝情绪紧张

家庭不和睦、父母责骂等，使宝宝长期情绪紧张，也会影响宝宝的食欲。

 ## 如何让宝宝爱上辅食

示范如何咀嚼食物

最初给宝宝喂辅食时，宝宝因为不习惯咀嚼，往往会用舌头将食物往外推。在这时妈妈要给宝宝示范如何咀嚼食物并且吞下去，可以放慢速度多试几次，让宝宝有更多的学习机会。

别喂太多或太快

一次喂食太多不但易引起消化不良，而且会使宝宝对食物产生排斥，所以，妈妈应按宝宝的食量喂食，速度不要太快，喂完食物后，应让宝宝休息一下，不要有剧烈的活动，也不要马上喂奶。

品尝多种新口味

饮食富于变化能刺激宝宝的食欲。妈妈可以在宝宝原本喜欢的食物中加入新材料，分量和种类应由少到多；逐渐增加辅食种类，让宝宝养成不挑食的好习惯；宝宝讨厌某种食物，妈妈应在烹调方式上多换花样；宝宝长牙后喜欢咬有嚼感的食物，不妨在这时把水果泥改成水果片；食物也要注意色彩搭配，以激起宝宝的食欲，但口味不宜太浓。

学会食物代换

宝宝对食物的喜好并不是绝对的，如果宝宝排斥某种食物，妈妈不应将其彻底"封杀"，也许宝宝只是暂时性不喜欢，正确的做法是先停止喂食，隔段时间再让宝宝吃，在此期间，可以喂给宝宝营养成分相似的替换品。

别在宝宝面前品评食物

模仿是宝宝的天性，大人的一言一行、一举一动都会成为宝宝模仿的对象，所以妈妈不应在宝宝面前挑食及品评食物的好坏，以免养成他偏食的习惯。

重视宝宝的独立性

宝宝在半岁之后渐渐有了独立性，会尝试自己动手吃饭，这时，妈妈不应武断地坚持给宝宝喂食，而应鼓励宝宝自己拿汤匙进食，也可烹制易于宝宝手拿的食物，甚至在宝宝小手洗干净的前提下可以允许他用手抓饭吃，久而久之，宝宝的欲望既得到了满足，食欲也会更加旺盛。

多大的宝宝可以吃零食

主食以外的糖果、饼干、点心、饮料、水果等就是零食。已经能够吃一些固体辅食的7个月大的宝宝，也可以适当吃一些零食了。

零食可以满足宝宝的口欲

7个月左右的宝宝基本上处于口欲阶段，喜欢将任何东西都放入口中，以满足心理需要。吃零食既可以在一定程度上满足宝宝的这种欲望，也能避免宝宝把不卫生或危险的东西放入口中。适当地吃点零食还能为断奶做准备。

零食对宝宝独立进食有着调节作用

从食用方式的角度而言，零食和正餐的一个重要区别就在于，正餐基本上都是由大人喂给宝宝吃的，而零食是由宝宝自己拿着吃的，零食的这一特点对宝宝学习独立进食是个很好的训练机会。

宝宝吃零食一定要适量

虽然吃零食对宝宝有一定的好处，但不能不停地给宝宝吃零食。因为，宝宝的胃容量很小，消化能力有限；宝宝口中老是塞满食物容易发生龋齿，尤其是含糖食品，会影响食欲和营养的吸收。此外，如果宝宝手里总拿着零食，做游戏的机会就会相应减少，学讲话的机会也会减少，久而久之会影响语言能力及社会交往能力的发展。

宝宝吃零食的时间最好放在两次正餐中间。

让宝宝有好牙齿需注意什么

一般宝宝在6~8个月时开始长出1~2颗门牙。宝宝长牙后，妈妈要注意以下几个方面，以使其拥有良好的牙齿及用牙习惯。

及时添加有助于乳牙发育的辅食

宝宝长牙后，就应及时添加一些既能补充营养又能帮助乳牙发育的辅食，如饼干、烤馒头片等，以促进乳牙的萌出。

要少吃甜食

因为甜食易被口腔中的乳酸杆菌分解，产生酸性物质，破坏牙釉质。

纠正不良习惯

如果宝宝有吸吮手指、吸奶嘴等不良习惯，应及时纠正，以免造成牙位不正或前牙发育畸形。

注意宝宝口腔卫生

从宝宝长牙开始，妈妈就应注意宝宝的口腔清洁，每次进食后可用干净湿纱布轻轻擦拭宝宝牙龈及牙齿。宝宝1周岁后，妈妈就应该教他练习漱口。刚开始漱口时宝宝容易将水咽下，可用凉开水漱口。

 ## 拿什么辅食给宝宝磨牙

4~7个月，如果之前安静的宝宝开始流口水，烦躁不安，喜欢咬坚硬的东西或总是啃手，说明宝宝开始长牙了，这时，妈妈需要给宝宝添加一些可供磨牙的辅食了。

水果条、蔬菜条

新鲜的苹果、黄瓜或胡萝卜切成手指粗细的小长条，清凉又脆甜，还能补充维生素，可谓宝宝磨牙的上品。

柔韧的条形地瓜干

地瓜干是寻常可见的小食品，正好适合宝宝的小嘴巴咬，价格又便宜，是宝宝磨牙的优选食品之一。如果怕地瓜干太硬伤害宝宝的牙床，妈妈只要在米饭煮熟后，把地瓜干撒在米饭上焖一焖，地瓜干就会变得又香又软了。

磨牙饼干、手指饼干或其他长条形饼干

磨牙饼干、手指饼干或其他长条形饼干等，既可以满足宝宝咬的欲望，又可以让宝宝练习自己拿着东西吃，也是宝宝磨牙的好食品。需要注意的是，妈妈不要选择口味太重的饼干，以免破坏宝宝的味觉培养。

有的妈妈觉得汤中营养丰富，而且宝宝容易消化，喜欢给宝宝吃"汤泡饭"，其实，这是一个错误的做法。

汤泡饭不利咀嚼与消化

很多宝宝不喜欢吃干饭，喜欢吃"汤泡饭"。妈妈为了贪图方便，便顺着宝宝，每餐用汤拌着饭喂宝宝。长久下来，宝宝不仅营养不良，而且也养成了不肯咀嚼的坏习惯。吃下去的食物不经过牙齿的咀嚼和唾液的搅拌，会影响消化吸收，也会导致一些消化道疾病的发生，所以，一定要改掉给宝宝吃"汤泡饭"的坏习惯。

餐前适量喝汤才正确

当然，反对给宝宝吃"汤泡饭"并不是说宝宝就不能喝汤了，其实鲜美可口的鱼汤、肉汤可以刺激胃液分泌，增加食欲，只是妈妈掌握好宝宝每餐喝汤的量和时间，餐前喝少量汤是有助于开胃的，但千万不要让宝宝无节制地喝汤。

有的妈妈担心饿着宝宝，一次给宝宝喂食比较多；有的妈妈想给宝宝多种营养，早早地就一天换一样，这样不仅不利于增强宝宝的胃功能，还容易使宝宝积食。

不要喂得太多太快

给宝宝添加辅食以后，至少1周左右再考虑改品种，量也不要一下增加太多，要仔细观察宝宝的食欲，如添加辅食后宝宝很久不思母乳，就说明辅食添加过多、过快，要适当减少。

发现宝宝有积食可暂停喂辅食

宝宝如出现不消化现象，则有呕吐、拉稀、食欲不振等症状，如果喂什么都把头扭开，手掌拇指下侧有轻度青紫色，说明有积食，要考虑停喂两天，还可到中药店买几包"小儿消食片"喂宝宝（一般为粉末状，加少许在米汤、牛奶或稀奶糊中喂入即可，使用前要咨询医生）。

宝宝偏食怎么办

宝宝过了8个月，对于食物的好恶也逐渐地明显起来。如果宝宝开始偏食，妈妈该怎么办呢?

如果宝宝不喜欢蔬菜，给他喂菠菜、卷心菜或胡萝卜时他就会用舌头向外顶。妈妈可以变换一下形式，比如，把蔬菜切碎放入汤中，或做成菜肉蛋卷让宝宝吃，或者挤出菜汁，用菜汁和面，给宝宝做面食，这样宝宝就会在不知不觉中吃进蔬菜。

如果宝宝实在不喜欢吃某种食物，也不能过于勉强。对于宝宝的饮食，在一定程度上的努力纠正是必要的，但如果做了多次尝试仍不见成效，妈妈就不能过于勉强。假如宝宝不喜欢吃菠菜、卷心菜、胡萝卜，妈妈可想法从其他的食物中得到补充。对无论如何也不吃蔬菜的宝宝，可以用水果来补充。另外，宝宝对食物的喜好并不是绝对的，有许多宝宝暂时不喜欢吃的食物，有可能过一段时间后又喜欢吃了。

断奶期如何合理喂养宝宝

8~10个月是宝宝以吃奶为主过渡到以吃饭为主的阶段，断奶时，宝宝的食物构成就要发生变化，要注意科学喂养。

选择、烹调食物要用心

选择食物要得当，食物应变换花样，巧妙搭配。烹调食物要尽量做到色、香、味俱全，适应宝宝的消化能力，并能引起宝宝的食欲。

饮食要定时定量

宝宝的胃容量小，所以喂食应当少量多次。刚断母乳的宝宝，每天要保证5餐，早、中、晚餐的时间可与大人一致，但在两餐之间应加牛奶、点心、水果。

喂食要有耐心

断奶不是一瞬间的事情，从开始断奶到完全断奶，一定要给宝宝一个适应过程。有的宝宝在断奶过程中可能很不适应，因而喂辅食时要有耐心，让宝宝慢慢咀嚼。

 ### "芝宝贝"喂养经

断奶忌太晚，夏季不宜实施断奶计划。夏季天气炎热，这样会影响食物消化，食欲减退，使宝宝抵抗力减弱。

 ## 多吃粗纤维食物对宝宝有何益处

粗纤维广泛存在于各种粗粮、蔬菜及豆类食物中。一般来讲，含粗纤维的粮食有玉米、豆类等。含粗纤维数量较多的蔬菜有：油菜、韭菜、芹菜、荠菜等。另外，花生、核桃、桃、柿、枣、橄榄也含有较丰富的粗纤维。粗纤维与其他人体所必需的营养素一样，是宝宝生长发育所必需的。

有助于宝宝牙齿发育

吃粗纤维食物时，必然经过反复咀嚼才能吞咽下去，这个咀嚼的过程既能锻炼咀嚼肌，也有利于牙齿的发育。此外，经常有规律地让宝宝咀嚼有适当硬度、弹性和纤维素含量高的食物，还可减少蛋糕、饼干、奶糖等细腻食品对牙齿及牙周的黏着，从而防止宝宝龋齿的发生。

可防止便秘

粗纤维能促进肠蠕动、增进胃肠道的消化功能，从而增加粪便量，防止宝宝便秘。与此同时，粗纤维还可以改变肠道菌丛，稀释粪便中的致癌物质，并减少致癌物质与肠黏膜的接触，有预防大肠癌的作用。

为什么要教宝宝细嚼慢咽

有的宝宝饿了或者急着要去玩，吃起饭来狼吞虎咽，囫囵吞枣，把未经充分咀嚼磨碎的食物吞入胃内，对身体是十分有害的。宝宝有狼吞虎咽的进食习惯时，妈妈一定要及早帮助宝宝纠正，教宝宝学会细嚼慢咽，对增进宝宝的健康大有裨益。

可促进颌骨发育

咀嚼能刺激面部颌骨的发育，增加颌骨的宽度，增强咀嚼功能。如宝宝颌骨生长发育不好，会发生颌面畸形、牙齿排列不齐、咬合错位等。

有助于预防牙齿疾病

咀嚼增加食物对牙齿、牙龈的摩擦，可达到清洁牙齿和按摩牙龈的目的，从而加速了牙齿、牙周组织的新陈代谢，提高抗病能力，减少牙病的发生。

有助于食物的消化

咀嚼时牙齿把食物嚼碎，唾液充分地将食物湿润并混合成食团，便于吞咽。同时唾液中含有淀粉酶，能将食物中的淀粉分解为麦芽糖。所以，人们吃馒头时，咀嚼的时间越长，越觉得馒头有甜味，这就是淀粉酶的作用。食物在嘴里咀嚼时通过条件反射引起胃液分泌增加，有助于食物的消化。

有利于营养物质的吸收

有试验证明，细细咀嚼的人比不细细咀嚼的人能多吸收蛋白质13%、脂肪12%、纤维素43%，所以，细嚼慢咽对于营养素的吸收是大有好处的。

为什么要给宝宝多吃水果和蔬菜

果蔬在饮食中，可以提供丰富的维生素、矿物质及纤维素，是维护宝宝正常发育不可或缺的食物。不吃果蔬或吃果蔬比较少的宝宝，可能产生下列不良反应或营养问题。

便秘

宝宝少吃或不吃果蔬所引发的最常见问题就是便秘。因为纤维素摄取不足，使食物消化吸收后剩余的实体变少，造成肠道蠕动的刺激减少。当肠道蠕动变慢时，就容易产生便秘。粪便在肠道中停留的时间过久，还会产生有害的毒性物质，破坏宝宝肠道内有益菌类的生长环境。

肠道环境改变

纤维素可以促进肠道中有益菌类的生长，抑制有害菌类的增生。吃水果比较少的宝宝，肠道的正常环境可能发生变化，影响肠道细胞的健康生长。

热量摄取过多

饮食中缺乏纤维素的饱足感，会造成热量摄取过多，导致肥胖。成年后易患多种慢性疾病。

维生素C摄取不足

维生素C与胶原和结缔组织形成有关，它可使细胞紧密结合；缺乏维生素C时，可能影响宝宝牙齿、牙龈的健康，导致皮下易出血及身体感染。

维生素A摄取不足

缺乏维生素A时，宝宝可能出现夜盲症、毛囊性皮肤炎、身体感染等症状，甚至影响宝宝心智发展。黄、橘色蔬果富含可以在体内转化为维生素A的β-胡萝卜素。

免疫力下降

蔬果富含抗氧化物的成分（如维生素C、β-胡萝卜素）。摄取不足时，影响细胞组织的健全发展，使免疫力下降，宝宝易受感染、生病。

"芝宝贝"喂养经

给宝宝吃粗纤维含量丰富的食物时，应尽量做到细、软、烂等。

 宝宝拒绝吃果蔬怎么办

当宝宝不喜欢吃果蔬时，会用一些表达方式或具体行为来拒绝。此时，妈妈应该找出原因，想一想适合自己宝宝的解决方法，让宝宝慢慢接受，而不是马上放弃。

一口饭菜在口中含了好久

观察看看，是不是因为有青菜在里边。如果是的，下一口食物可选择宝宝喜欢的食物。有时可将宝宝喜欢吃的食物与蔬菜混合在饭中，一起喂食。

咬不下去

蔬菜因纤维素的存在，宝宝咀嚼较费力，可能容易放弃吃这类食物。制作餐点时，记得选择新鲜幼嫩的原料，或将食物煮得较软，便于宝宝进食。

吞不下去

一些金针菇、豆苗及纤维太长的蔬菜，直接吞食容易造成宝宝吞咽困难或产生呕吐，建议制作时应先切细或剁碎。

呕吐

部分果蔬含有特殊气味：如苦瓜、荠菜、荔枝，宝宝可能不太接受，可减少供应的量或等宝宝较大时再试。

太酸了

大部分的宝宝可能无法接受太酸的水果，可将水果放得较熟以后再吃。也可试试混合甜的水果加些酸奶打成果汁（不滤汁），或是做成果冻吸引宝宝尝试。

 "芝宝贝"喂养经

宝宝多吃水果有益，但柿子不能多吃。因为柿子中含有不容易消化的物质，宝宝吃后会胃胀不适、呕吐及消化不良。

7个月宝宝营养需求及一日饮食参考

宝宝的营养需求

第7个月的宝宝对各种营养的需求继续增长。鉴于大部分宝宝已经开始出牙，在喂食的类别上可以开始以谷物类为主要辅食，再配上蛋黄、鱼肉或肉泥以及碎菜、碎水果或胡萝卜泥等。在做法上要经常变换花样，以引起宝宝的兴趣。

一日营养计划

上午	6：00 母乳或配方奶200～220毫升，馒头片（面包片）15克
	9：30 饼干15克，母乳或配方奶120毫升
下午	12：00 肝泥粥40～60克
	15：00 面包15克，母乳或配方奶150毫升
	18：30 番茄鸡蛋面60～80克，水果泥20克
晚上 鱼肝油	21：00 母乳或配方奶200～220毫升 每天1次，每次1粒
其他	保证饮用适量白开水

 ## 8个月宝宝营养需求及一日饮食参考

宝宝的营养需求

第8个月时，妈妈乳汁的质和量都已经开始下降，难以完全满足宝宝生长发育的需要。所以添加辅食显得更为重要。从这个阶段起，可以让宝宝尝试更多种类的食品。由于此阶段大多数宝宝都在学习爬行，体力消耗也较多，所以应该供给宝宝更多的碳水化合物、脂肪和蛋白质类食品。

一日营养计划

上午	6：00 母乳或配方奶200～220毫升，馒头片（面包片）25克
	9：30 馒头20克，鸡蛋羹20克，母乳或配方奶120毫升
下午	10：30 水果泥50克
	12：00 小馄饨50克
	15：00 蛋糕20克，母乳或配方奶120毫升
	18：30 肉末胡萝卜汤60克，番茄鸡蛋面60～80克，果泥20克
晚上	21：00 母乳或配方奶200～220毫升

 ## 9个月宝宝营养需求及一日饮食参考

宝宝的营养需求

此阶段宝宝营养需求与第8个月大致相同，从现在起可以增加一些粗纤维的食物，如茎秆类蔬菜，但要把粗的、老的部分去掉。9个月的宝宝已经长牙，有咀嚼能力了，可以让宝宝啃食硬一点的东西，这样有利于乳牙的萌出。

一日营养计划

上午	6：00 母乳或配方奶200～220毫升，馒头片（面包片）30克
	8：00 水果泥100～150克
	10：30 蛋花青菜面100克
下午	12：00 母乳或配方奶200～220毫升
	15：00 虾仁小馄饨80克
	18：00 清蒸带鱼25克，土豆泥50克，米粥25克
晚上	21：00 母乳或配方奶200～220毫升
鱼肝油	每天1次，每次1粒
其他	保证饮用适量白开水

红枣奶茶

原料

红枣20枚，鲜牛奶250毫升，水适量。

做法

1. 红枣洗净，切开，放入锅中，加入适量的水，浓煎2次，每次30分钟。

2. 合并2次煎液，用小火浓缩至150克，再把煮沸的牛奶冲入，调匀即可。

巧手厨房

红枣煎熟后，要去皮、去核。

营养便利贴

红枣营养丰富，最突出的特点是维生素含量高，有"天然维生素丸"的美誉。红枣中的维生素P含量为所有果蔬之冠。宝宝食用红枣有助于预防过敏。

番茄鱼泥

原料

　　新鲜鱼（一般选用鱼刺少的海鱼）2厘米长1块（约30克），鱼汤2大勺，淀粉、番茄酱各少许。

做法

　　1. 先将新鲜鱼洗干净，放入热水中煮熟。

　　2. 锅内捞出鱼，去骨刺和鱼皮，然后放入小碗内，用小勺背研碎。

　　3. 把研碎的鱼肉和鱼汤一起放入锅内煮，淀粉加水，并加入少许番茄酱调匀，倒入锅中搅拌，煮至黏稠状停火，即可食用。

营养便利贴

　　鱼肉富含蛋白质，所含脂肪为不饱和脂肪酸，且海鱼的DHA含量多于淡水鱼，深海鱼中的DHA要比近海多，鱼中所含DHA是营养大脑必不可少的物质。

西蓝花土豆泥

原料

西蓝花30克，土豆1个，肉末10克，食用油适量。

做法

1. 西蓝花洗净，煮熟后切碎；土豆煮熟后去皮，研成泥状。

2. 炒锅上火，倒油，油热后放入肉末煸炒熟后，与土豆泥、西蓝花碎末混合搅拌均匀，即可食用。

营养便利贴

西蓝花的营养成分不仅含量高，而且十分全面，主要包括蛋白质、碳水化合物、脂肪、矿物质、维生素C和胡萝卜素等。常给宝宝吃西蓝花，可促进生长、维持牙齿及骨骼健康、保护视力、提高记忆力。

番茄蛋花汤

原料

番茄1个（约50克），鸡蛋1个（约60克），油少许，水200毫升。

做法

1. 将番茄切碎，鸡蛋打散。

2. 在炒锅里放少许油，将番茄放在炒锅里略炒一下。

3. 放入水，略煮一下，然后放入调好的鸡蛋（注意不要让水烧开），一边煮，一边用勺搅，煮到汤开为止。

营养便利贴

番茄中含有丰富的维生素C和维生素P；鸡蛋含有丰富的蛋白质、脂肪和微量元素，所以鸡蛋和番茄一起食用更有助于营养的消化和吸收。

"芝宝贝"喂养经

7个月的宝宝仍然以母乳或配方奶为主，但哺喂顺序与以前相反，先喂辅食，再喂奶，而且推荐采用主辅混合的新方式，为以后断母乳做准备。提倡给宝宝食用带皮的水果，如橘子、苹果、香蕉、木瓜、西瓜等。

牛奶
玉米饮

 原料

牛奶250毫升，玉米粉50克，鲜奶油10克，黄油5克。

 做法

1.将牛奶倒入锅内，用小火煮开，撒入玉米粉，用小火再煮3~5分钟，并用勺不断搅拌，直至变稠。

2.倒入碗内，加入黄油和鲜奶油，搅匀，晾凉后喂食。

巧手厨房

用牛奶加玉米粉熬粥，不宜用大火，要用小火熬。粥盛入小碗内后，再加入黄油和鲜奶油搅匀。

营养便利贴

含有丰富的优质蛋白质、脂肪、糖类、钙、磷、铁及维生素A、维生素D、维生素B_1、维生素B_2和烟酸等。

玉米毛豆糊

原料

鲜玉米20克，鲜毛豆10克。

做法

将鲜玉米、鲜毛豆洗净打成糊，入锅煮10分钟即可。

"芝宝贝"喂养经

宝宝可适当食用玉米，可制成玉米面糊、玉米米粉再给宝宝吃。

营养便利贴

毛豆营养丰富，其中所含的卵磷脂是大脑发育不可缺少的营养之一，有助于改善宝宝大脑的记忆力和智力水平。毛豆中的钾含量很高，夏天食用可以帮助弥补因出汗过多而导致的钾流失，毛豆中的铁易于吸收，可以作为宝宝补充铁的食物之一。玉米中所含的胡萝卜素被人体吸收后能转化为维生素A。

桃仁粥

原料

核桃仁10克，粳米或糯米30克，水适量。

做法

1. 将粳米或糯米稍打碎些，洗净放入锅内，加水后微火煮至半熟。

2. 将核桃仁炒熟后压成粉状，择去皮后放入粥里，煮至黏稠即可食用。

营养便利贴

核桃仁富含丰富的蛋白质、脂肪、钙、磷、锌等微量元素，对宝宝的大脑发育极为有益。

"芝宝贝"喂养经

核桃含油脂较多，一次不要给宝宝吃太多。

蔬菜豆腐泥

原料

胡萝卜5克，嫩豆腐1/6块，荷兰豆1/2根，蛋黄1/2个，水500毫升。

做法

1. 将胡萝卜去皮，与荷兰豆烫熟后切成碎末。

2. 将胡萝卜与荷兰豆碎末和水放入小锅，嫩豆腐边捣碎边加进去，煮到汤汁变少。

3. 将蛋黄打散加入锅里煮熟即可。

营养便利贴

提供胡萝卜素、钙、铁、维生素A、维生素E等。

"芝宝贝"喂养经

豆腐虽然营养价值高，但婴幼儿不宜多吃。一周吃两次，每次不超过20克即可。

平鱼肉羹

原料

平鱼1条，土豆1个，高汤100克，淀粉适量。

做法

1. 将平鱼清洗干净后，剔除鱼刺，放入高汤锅中煮熟，然后将鱼肉研成泥糊状，备用。

2. 土豆洗净，煮熟，剥皮，研成泥。

3. 鱼肉泥、土豆泥再入锅，放少许高汤煮开，用淀粉勾薄芡后即可出锅。

营养便利贴

绵滑润泽，鲜香有味。平鱼含有丰富的不饱和脂肪酸及微量元素硒和镁，经常吃鱼对宝宝的大脑发育大有好处。平鱼肉厚刺少，肉质细嫩，营养丰富，是宝宝辅食很不错的选择。

疙瘩汤

原料

番茄1/2个，鸡蛋1个，面粉50克，水发木耳2朵，香菜、植物油各适量。

做法

1. 番茄洗净，切碎；鸡蛋磕入碗中打散成蛋液；香菜洗净切碎，木耳切碎。

2. 将面粉放入大碗中，慢慢加入适量清水，用筷子搅拌成均匀的小疙瘩备用。

3. 锅中倒入少许植物油烧热，放入番茄碎块煸炒出汤汁，放木耳碎末，翻炒片刻，加入清水烧开，将面疙瘩一点点地倒入锅中并搅散，用中火滚煮3分钟至熟透。

4. 淋入鸡蛋液搅匀后再次烧开，放香菜即可出锅。

营养便利贴

木耳含有大量的碳水化合物、蛋白质、铁、钙、磷、胡萝卜素、维生素等营养素，番茄中的维生素C有利于木耳中铁的吸收。

"芝宝贝"喂养经

给宝宝添加固体辅食的目的之一就是为了补足单纯流质食物营养的不足，另一个目的是训练宝宝的咀嚼、吞咽能力，但是喝汤不能锻炼宝宝的咀嚼、吞咽能力，因此不能用汤来代替固体食品。

骨汤面

原料

猪、牛胫骨或脊骨200克，龙须面5克，青菜50克。

做法

1. 将骨砸碎，放入冷水中用中火熬煮30分钟。

2. 将骨弃去，取清汤。将龙须面下入骨汤中，再把洗净、切碎的青菜加入汤中煮至面熟即可。

营养便利贴

提供丰富的钙，同时骨汤中富含脂肪、碳水化合物、铁、氨基酸等，可预防宝宝患软骨症和血虚。

"芝宝贝"喂养经

钙能帮助骨骼和肌肉发育，现在，宝宝的身体正飞快地发育着，对钙的需求量非常大。如没有及时补充，身体很容易因缺钙而导致软骨病等。

扁豆薏米粥

原料

白扁豆30克，薏米30克，大米30克。

做法

1.薏米洗净，浸泡2小时；白扁豆、大米洗净。

2.锅里放水，先把薏米和扁豆放进去煮，快熟时，放大米，煮至粥绵软即可。

"芝宝贝"喂养经

宝宝具备一定咀嚼能力后才能食用薏米，此外，薏米性寒，宝宝不宜多吃。

营养便利贴

此粥绵稠滑软，具有健脾止泻、清热泻火、预防中暑的作用，非常适合宝宝夏季食用。

薏米主要成分为蛋白质、维生素B_1、维生素B_2，长期食用具有促进体内血液、水分的新陈代谢和利尿消肿的作用；白扁豆的营养成分相当丰富，包括蛋白质、脂肪、糖类、钙、磷、铁及纤维、维生素B_1、维生素B_2、维生素C等。

豌豆粥

原料

豌豆50克，梨2片，鲜玉米50克，水少许。

做法

1. 豌豆加少量水煮熟，轻搓去皮，压成泥，再倒入煮豆的水中煮。

2. 梨去皮，切成小丁，和鲜玉米一起打成汁后倒入锅内与豆泥同煮，稍成糊状即可。

营养便利贴

豌豆蛋白质含量较高，是促进宝宝长身体的好帮手。玉米富含钙、镁、硒、维生素E、维生素A、卵磷脂等营养物质，能提高宝宝的免疫力。

三豆粥

原料

红豆、黑豆、绿豆各同等量，花生米、大米少许。

做法

1. 红豆、绿豆、黑豆、大米、花生米分别洗净，清水浸泡2小时。

2. 将所有食材放入粥锅内，同煮至豆烂粥熟即可。

营养便利贴

绿豆可清热解毒、消暑利水；红豆可清热利水、散血消肿；黑豆可解毒、散热、滋补肝肾。

红薯粥

原料

大米50克，红薯1个，水适量。

做法

1.红薯削皮，洗净切细粒；大米洗净后浸泡1小时左右。

2.锅里倒水，放大米、红薯，先用大火煮开，然后用小火慢慢熬制，直至米软、红薯黏，晾凉后即可喂食宝宝。

营养便利贴

此粥香甜黏滑，滋补养人。红薯中含有丰富的碳水化合物、纤维素、钙、磷、铁、锌以及维生素B_1、维生素B_2、维生素B_3等，可以预防宝宝肥胖。

扁豆排骨面

原料

扁豆30克（3~4个），排骨肉1块，黑木耳1朵，排骨汤1碗，龙须面适量。

做法

1. 龙须面打成颗粒状或用手掰碎。

2. 将扁豆、排骨肉、黑木耳一起放在榨汁机内打碎（按宝宝的饮食习惯而定，稍大的宝宝可以不用打碎）。

3. 把排骨汤放在锅内烧开，面条放入锅内，打好的扁豆等食材也一起放入，煮10分钟即可。

营养便利贴

扁豆、木耳是高铁食品，煮好后有点淡淡的青菜香。

鳕鱼面

原料

鳕鱼50克，婴儿面、油各适量。

做法

1. 婴儿面打成颗粒状或用手掰碎。

2. 将鳕鱼连皮一起放入锅中煮10分钟，然后取出，去皮去刺；将锅内放少许油，把鱼肉放入稍煎一下用铲子压碎。

3. 把婴儿面、鱼肉放入鱼汤中煮10分钟即可。

营养便利贴

鳕鱼肉营养丰富，除了富含DHA、DPA外，还含有人体所必需的维生素A、维生素D、维生素E和其他多种维生素，具有高营养、低胆固醇等优点，非常适合给宝宝吃。

苹果金团

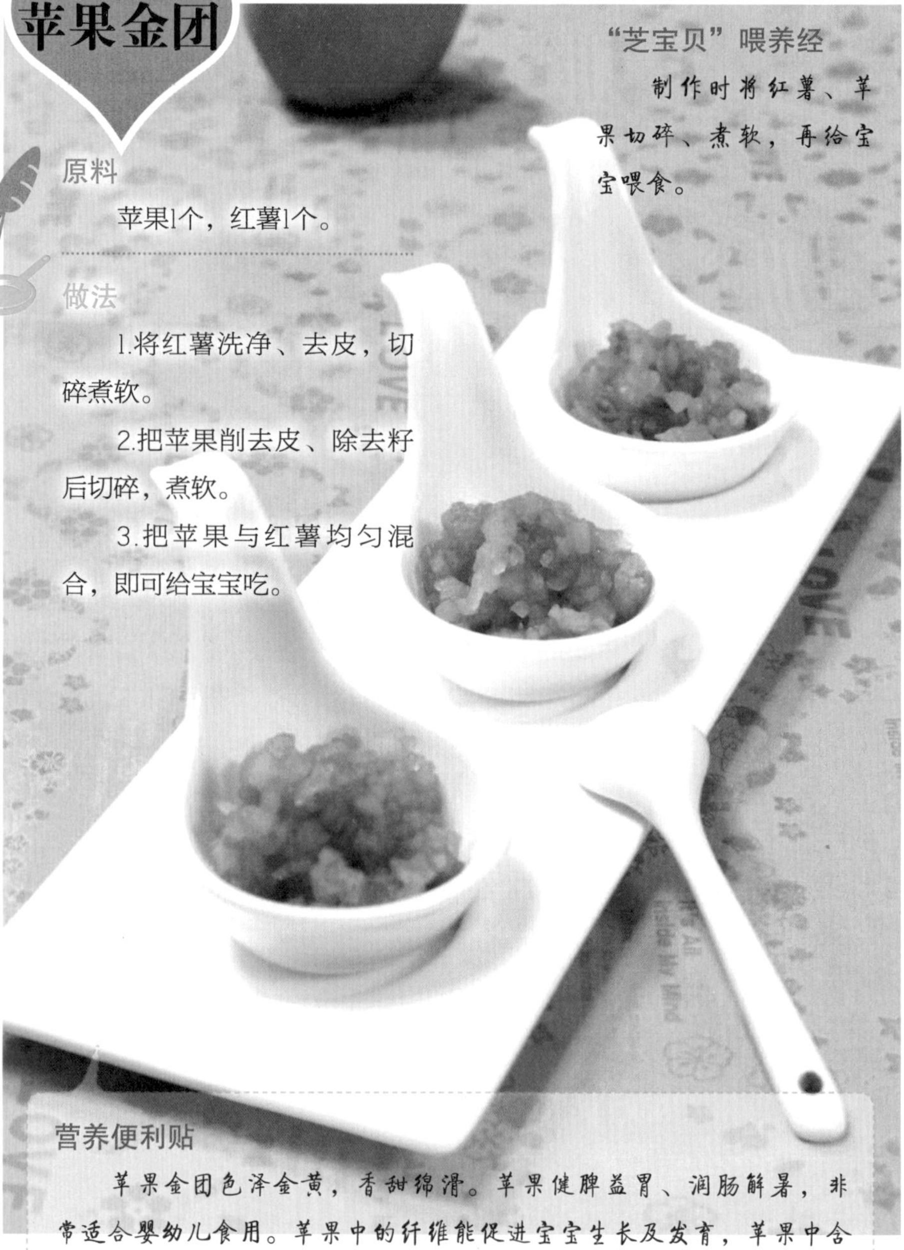

原料

苹果1个，红薯1个。

做法

1.将红薯洗净、去皮，切碎煮软。

2.把苹果削去皮、除去籽后切碎，煮软。

3.把苹果与红薯均匀混合，即可给宝宝吃。

“芝宝贝”喂养经

制作时将红薯、苹果切碎、煮软，再给宝宝喂食。

营养便利贴

苹果金团色泽金黄，香甜绵滑。苹果健脾益胃、润肠解暑，非常适合婴幼儿食用。苹果中的纤维能促进宝宝生长及发育，苹果中含有的锌能增强宝宝的记忆力；红薯含有丰富的淀粉、膳食纤维、胡萝卜素、维生素A、B族维生素、维生素C、维生素E以及钾、铁、铜、硒、钙等十余种微量元素，是公认的营养均衡食品。

雪梨藕粉糊

原料

雪梨1个，藕粉30克。

做法

1. 将雪梨去皮、去核，切成细粒。

2. 将藕粉倒入锅中，用小火慢慢熬煮，边熬边搅动，直到透明为止，再将梨粒倒入，搅匀即可。

营养便利贴

此糊水嫩晶莹，香甜润滑，营养丰富，含碳水化合物、蛋白质、脂肪，并含多种维生素及钙、钾、铁、锌，能促进食欲，帮助消化，非常适合婴幼儿食用。

"芝宝贝"喂养经

妈妈一定要给宝宝选择纯藕粉，纯藕粉含有铁质和还原糖等成分，这些成分遇空气会氧化变微红。

豆腐饼

原料

牛肉20克，胡萝卜1/5根，豆腐1/6块，油、牛奶、面包粉、蛋黄各适量。

做法

1. 将牛肉切碎，胡萝卜擦碎。

2. 将碎牛肉、豆腐、碎胡萝卜、牛奶、面包粉、蛋黄等一起搅拌均匀至有韧性。

3. 煎锅内放油，将拌好的材料捏成扁平状的小饼，下锅，煎熟即可。

"芝宝贝"喂养经

烹调豆腐时可搭配鱼、鸡蛋、海带、排骨等食物，可提高豆腐中蛋白质的利用率。豆腐不宜与菠菜、大葱一起烹调，这样会生成不易被人体吸收的草酸钙，容易形成结石。

燕麦南瓜糊

原料

燕麦50克，南瓜50克。

做法

1.南瓜去皮、切片、蒸熟，趁热研成泥状，放凉备用。

2.燕麦先用水清洗一下，放入锅中煮成粥。

3.将南瓜泥放入燕麦粥中搅匀，放置温热时即可喂食宝宝。

"芝宝贝"喂养经

燕麦是最具营养价值的谷物之一，含有钙、磷、铁、锌等矿物质和膳食纤维；南瓜含丰富的胡萝卜素、纤维素，二者合一，搭配极佳。另外，此糊绵甜可口，色泽光鲜，非常适合宝宝的口味。

番茄肝末

猪肝100克，番茄80克，高汤适量。

做法

1. 将猪肝洗净切碎，番茄用开水烫一下剥去皮，切碎。
2. 锅中放入高汤烧开，加入猪肝和番茄煮熟即可。

营养便利贴

　　这道菜营养丰富。番茄中含有丰富的维生素C和大量纤维素，与含铁、维生素A丰富的猪肝同煮，可以补充铁和维生素C，防止缺铁性贫血和维生素C缺乏症的发生。

苹果杏泥

 原料

杏干20克，苹果1个。

做法

1. 将杏干清洗干净，在冷水中浸泡1小时；然后用小火连水带杏干煮约25分钟，或煮至杏干变软成糊状，冷却。

2. 苹果去皮去核，切片，放入少许水中煮软；然后将煮好的苹果和冷却后的杏糊搅拌成泥状，即可喂食宝宝。

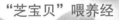

"芝宝贝"喂养经

　　苹果中含有多种维生素、矿物质、糖类、脂肪等大脑所必需的营养成分。苹果中的纤维能促进宝宝的生长及发育。苹果中所含的锌对增强宝宝的记忆十分有益。杏能够生津止渴、润肺化痰、清热解毒。

什锦猪肉菜末

原料

猪肉10克，胡萝卜、番茄、柿子椒、葱头各7克，肉汤适量。

做法

1.将猪肉、胡萝卜、番茄、柿子椒、葱头切成碎末。

2.把切好的猪肉末、胡萝卜末、柿子椒末、葱头末一起放入锅中加肉汤煮软，然后放番茄末煮熟即可。

营养便利贴

胡萝卜、番茄、柿子椒、葱头等含有丰富的维生素，猪肉含有人体必需的蛋白质和碳水化合物。这道菜非常适合宝宝补充营养。

"芝宝贝"喂养经

这个阶段多让宝宝吃各类水果和新鲜蔬菜，可以避免因叶酸缺乏而引起的营养不良性贫血。

原料

　　冬瓜100克，海米10克，淀粉、葱末、姜末、食用油各适量。

做法

　　1. 将冬瓜削去外皮，取瓤、子，洗净，切成片；将海米用温水泡软。

　　2. 炒锅放油加热后，倒入冬瓜片，待冬瓜皮变翠绿色时捞出沥干油备用。

　　3. 炒锅留少许底油，烧热，爆香葱末、姜末，加入半杯水和海米，烧开后放入冬瓜片，再用大火烧开，转用小火焖烧，冬瓜熟透且入味后，下水淀粉勾芡，炒匀即可出锅。

海米冬瓜

"芝宝贝"喂养经

　　这道菜含有丰富的纤维素、铁、钙、磷等营养素，具有益气和中、生津润燥、清热解毒、利尿的功效。这道菜汁浓味鲜，瓜嫩爽滑，宝宝大多会喜欢吃。

Q 宝宝还没长牙，不能咀嚼，能进入断奶后期吗?

A 断奶后期，要让宝宝先练习用牙床咀嚼食物。即使宝宝没长牙也不会有什么问题。妈妈用手指把食物稍微碾碎，可以直接给宝宝吃，宝宝完全可以用牙床咀嚼食物。

第 4 章

断奶后期

（出生后 10 ～ 12 个月）

宝宝10~12个月后，能够熟练地不依靠妈妈自己用汤匙把食物放入口中。宝宝如果经常摆弄勺子表现出吃东西的动作时，就可进入断奶后期。在这段时间里，妈妈可以为宝宝做一些可口的饭菜，安排好一天3次的吃饭时间，让宝宝慢慢学会咀嚼，顺利度过断奶后期。

断奶后期的饮食喂养课堂

如何使宝宝的食物多样化

10个月以后，无论是种类还是制作方法，宝宝的食物都要尽可能多样化。

谷类

添加辅食初期给宝宝制作的粥、米糊、汤面等都属于谷类食物，这类食物是最容易被宝宝接受和消化的食物，也是碳水化合物的主要来源。宝宝长到10~12个月时，牙齿已经萌出，这时在添加粥、米糊、汤面的基础上，可给宝宝一些帮助磨牙、能促进牙齿生长的饼干、烤馒头片、烤面包片等。

动物性食品及豆类

动物性食物主要指鸡蛋、肉、鱼、奶等，豆类指豆腐和豆制品，这些食物含蛋白质丰富，也是宝宝生长发育过程中必需的。动物的肝及血除了提供蛋白质外，还提供足量的铁，可以预防缺铁性贫血。

蔬菜和水果

蔬菜和水果富含宝宝生长发育所需的维生素和矿物质，如胡萝卜含有较丰富的维生素D、维生素C，菠菜含钙、铁、维生素C，绿叶蔬菜含较多的B族维生素，橘子、苹果、西瓜富含维生素C。对于1岁以内的宝宝，可用鲜果汁、蔬菜水、菜泥、苹果泥、香蕉泥、胡萝卜泥、红心白薯泥、碎菜等摄入其所需营养素。

油脂和糖

宝宝胃容量小，所吃的食物量少，热能不足，所以应适当摄入油脂、糖等体积小、热能高的食物，但要注意不宜过量，油脂应是植物油而不是动物油。

巧妙烹调

烹调宝宝食品时，应注意各种食物颜色的调配；味道不能太咸，不要加味精；食物可做成有趣的形状。另外，食物要细、软、碎、烂。

如何训练宝宝自己用餐具吃饭

宝宝六七个月时就已经开始吃"手抓饭"了，到了10个月时，宝宝手指比以前更灵活，大拇指和其他4个手指能对指了，基本可以自己抓握东西、取东西，这时就应该让宝宝自己动手用简单的餐具进餐。其实，训练宝宝自己吃饭，并不如想象中的困难，只要妈妈多点耐心，多点包容，是很容易办到的。

汤匙、叉子

10个月时，妈妈可以让宝宝试着使用婴幼儿专用的小汤匙来吃辅食。由于宝宝的手指灵活度尚且不是很好，所以，一开始多半会采取握姿，妈妈可以从旁协助。如果宝宝不小心将汤匙摔在地上，妈妈也要耐心地引导，不可以严厉地指责宝宝，以免宝宝排斥学习；到了宝宝1岁左右，通常就可以灵活运用汤匙了。

碗

到了10个月左右，妈妈就可以准备底部宽广、较轻的碗让宝宝试着使用。不过，由于宝宝的力气较小，所以装在碗里的东西最好不要超过1/3，以免过重或溢出；为了避免宝宝烫伤，装的食物也不宜太热。拿碗时，只要让宝宝用双手握住碗两旁的把手就可以了。此外，宝宝可能不懂一口一口地喝，妈妈可以从旁协助，调整一次喝的量。

杯子

宝宝1岁左右，妈妈就可以使用学习杯来教导宝宝使用杯子了。一开始应让宝宝两手扶在杯子1/3的位置，再小心端起，以避免内容物洒出来。到了3岁左右，宝宝就可以自己端汤而不洒出来了。

"芝宝贝"喂养经

刚刚开始时，如果宝宝不小心把食物撒出，妈妈也别慌，宝宝自然会从失败中吸取教训，并改进自己的动作，直到不会洒出来为止。

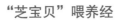

如何为宝宝留住食物中的营养

宝宝胃容量小，进食量少，但所需要的营养素相对比成人要多，因此，讲究烹调方法，最大限度地保存食物中的营养素，减少不必要的损失是很重要的。妈妈可从下列几点予以注意。

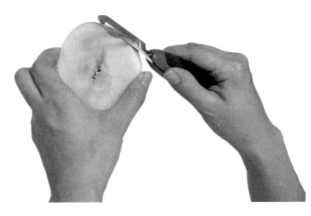

蔬菜要新鲜，先洗后切；水果吃时再削皮，以防水溶性维生素溶解在水中，以及维生素在空气中氧化。

和捞米饭相比，用容器蒸或焖米饭维生素B_1和维生素B_2的保存率高。

蔬菜最好大火急炒或慢火煮，这样维生素C的损失少。

合理使用调料，如醋，可起到保护蔬菜中B族维生素和维生素C的作用。

在做鱼和炖排骨时，加入适量醋，可促使骨骼中的钙质在汤中溶解，有利于人体吸收。

少吃油炸食物，因为高温对维生素有破坏作用。

断奶是建立在成功添加辅食的基础上的，适时、科学地给宝宝断奶对宝宝和妈妈的健康非常重要。

逐渐加大辅食添加的量

从10个月起，每天先给宝宝减掉一顿奶，添加辅食的量相应加大。过一周左右，如果妈妈感到乳房不太发胀，宝宝消化和吸收的情况也很好，可再减去一顿奶，并加大添加辅食的量，逐渐断奶。减奶最好先减去白天喂的那顿，因为白天有很多吸引宝宝的事情，他不会特别在意妈妈。但在清晨和晚间，宝宝会非常依恋妈妈，需要从吃奶中获得慰藉。断掉白天那顿奶后再逐渐停止夜间喂奶，直至过渡到完全断奶。

妈妈断奶的态度要果断

在断奶的过程中，妈妈既要使宝宝逐步适应饮食的改变，又要采取果断的态度，不要因宝宝一时哭闹就下不了决心，从而拖延断奶时间。而且，反复断奶会接二连三地刺激宝宝的不良情绪，对宝宝的心理健康有害，容易造成情绪不稳、夜惊、拒食，甚至为日后患心理疾病留下隐患。

不可采取生硬的方法

宝宝不仅把母乳作为食物，而且对母乳有一种特殊的感情，因为它给宝宝带来信任和安全感，所以即便是断奶态度要果断，也千万不可采用仓促、生硬的方法。这样只会使宝宝的情绪陷入一团糟，因缺乏安全感而大哭大闹，不愿进食，导致脾胃功能紊乱、食欲差、面黄肌瘦、夜卧不安，从而影响生长发育，使抗病能力下降。

注意抚慰宝宝的不安情绪

在断奶期间，宝宝会有不安的情绪，妈妈要格外关心和照顾，花较多的时间来陪伴宝宝。

宝宝生病期间不宜断奶

宝宝到了离乳月龄时，若恰逢生病、出牙，或是换保姆、搬家、旅行及妈妈要去上班等情况，最好先不要断奶，否则会增大断奶的难度。给宝宝断奶前，带他去医院做一次全面体格检查，宝宝身体状况好，消化能力正常才可以断奶。

断奶后期添加辅食有什么益处

宝宝出生后10～12个月属于断奶后期，在这个阶段继续合理添加辅食，对宝宝的正常生长和发育依然有着重要意义。

在这个时期，宝宝体内每天所需摄入的能量主要来源于辅食。宝宝也进入了断奶时期，在这样的转换时期，不但要更加重视辅食的营养和食材的变

化，连喂养的时间也要与成人"同步"，进行一日三餐、有规律的饮食了。当然，如果每次的食量过多或过硬，宝宝也会因不停地咀嚼而产生疲劳感。此时妈妈安排辅食应遵循营养均衡的原则，并按宝宝的实际需求量进行喂养。

补充断奶时期不足的铁元素。断奶期，宝宝每天的吃奶量会逐量减少。因此，很有可能发生缺铁现象，这时妈妈在为宝宝准备辅食时，要尤为注重选择含铁量较高的食物。如菠菜、猪肝等食物都是此时的首选。此外，有很多品牌婴儿配方奶粉中也注重了铁元素的补充。

11个月的宝宝可随意添加辅食吗

有的妈妈可能会问，宝宝到了11个月已经算是个大小孩儿了，添加辅食也有半年时间了，是不是能随意添加食品了？答案是否定的，11个月的宝宝，也有不宜添加的食品。

刺激性太强的食品

含有咖啡因及酒精的饮品，会影响神经系统的发育；汽水、清凉饮料容易造成宝宝食欲不振；辣椒、胡椒、大葱、大蒜、生姜、山芋、咖喱粉、酸菜等食物，极易损害宝宝娇嫩的口腔、食道、胃黏膜。

高糖、高脂类食物

饮料、巧克力、麦乳精、可乐、乳酸饮料等含糖太多的食物，油炸食品、肥肉等高脂类食品，都易导致宝宝肥胖。

不易消化的食品

如章鱼、墨鱼、竹笋、糯米制品等均不易消化。

太咸、太腻的食品

咸鱼、咸肉、咸菜及酱菜等食物太咸；酱油煮的小虾、肥肉及煎炒、油炸食品太腻，宝宝食后极易引起呕吐、消化不良。

小粒食品及带壳、有渣食品

花生米、黄豆、核桃仁、瓜子、鱼刺、虾的硬皮、排骨的骨渣等，都可能卡在宝宝的喉头或误入气管。

 "芝宝贝"喂养经

未经卫生部门检查的私制食品，如糖葫芦、棉花糖、花生糖、爆米花等，不能保证卫生，宝宝吃后易引发疾病。

怎样通过饮食防治宝宝腹泻

宝宝腹泻比较常见，但并非不能预防。一般来说，只要注意调整饮食的结构，注意卫生和规律，腹泻是可以避免的。

应保证辅食卫生

在准备食物和喂食前，妈妈和宝宝均应洗手；食物制作后应马上食用，不要给宝宝吃剩的食物；用洁净的餐具盛放食物。

辅食添加要合理

由于宝宝消化系统发育不成熟，调节功能差，消化酶分泌少，活性低，所以开始添加辅食时应注意循序渐进，由少到多，由半流食逐渐过渡到固体食物。特别是脂肪类等不易消化的食物不应过早添加。

喂辅食要有规律

1岁以内的宝宝每天可以吃5顿，早、中、晚三次正餐，中间加2次点心或水果。喂食过多、过少、不规律都可导致宝宝消化系统紊乱而出现腹泻。

 "芝宝贝"喂养经

如果宝宝腹泻次数持续增加，排出的大便呈水样、腥臭，精神萎靡，拒奶，则应立即到医院就诊。

如何让宝宝养成良好的进餐习惯

有的宝宝不好好吃饭，一顿饭跑来跑去，喂他们吃饭就像老鹰抓小鸡；还有些宝宝偏食、挑食，喜欢吃的就吃很多，不喜欢吃的，怎么劝也不吃一口。这些情况都很让妈妈头疼，事实上这大多是因为妈妈对宝宝过度溺爱、无原则地迁就、从小没有养成良好的饮食习惯造成的。那么，怎样养成宝宝良好的进餐习惯呢?

让宝宝自己吃饭

开始添加辅食时由妈妈拿勺喂，慢慢地宝宝能自己吃饭时，就不用喂了。自己吃饭不但能引起宝宝极大的兴趣，还能增强食欲。

让宝宝定点吃饭

要让宝宝坐在一个固定的位置吃饭，不能边吃边玩，也不能跑来跑去，否则会分散宝宝进餐的注意力，进餐时间过长也会影响消化吸收。

饭前不能吃零食

宝宝的胃容量很小，消化能力有限，饭前吃零食会让宝宝在吃饭时没有饥饿感而不想吃饭。

不挑食，不偏食

如果宝宝不爱吃什么食物，妈妈千万不要呵斥和强迫，不妨给他讲道理或讲有关的童话故事（自己编的也可以），让宝宝明白吃的好处和不吃的坏处。千万不要在饭桌上谈论自己不爱吃的菜，这对宝宝有很大影响。

不暴饮暴食

好吃的东西要适量地吃，特别对食欲好的宝宝要有一定限制，否则会出现胃肠道疾病或者"吃伤了"，以后再也不吃了。

"芝宝贝"喂养经

妈妈还应注意宝宝的饮食质量，饭菜的色香味俱全会大大增加宝宝的食欲。

宝宝秋季吃什么辅食可防燥

秋天天气干燥，宝宝体内容易产生火气，小便少，神经系统容易紊乱，宝宝的情绪也常随之变得躁动不安，所以，秋季给宝宝的辅食应该选择含有丰富维生素A、维生素E，能够滋阴清火的食品，对改善秋燥症状大有裨益。

南瓜

南瓜所含的β-胡萝卜素可由人体吸收后转化为维生素A，吃南瓜可以防止宝宝嘴唇干裂、鼻腔流血及皮肤干燥等症状，可以增强机体免疫力，改善秋燥症状。小些的宝宝，可以做点南瓜糊，大些的宝宝，可用南瓜拌饭。

藕

鲜藕中含有很多容易吸收的碳水化合物、维生素和微量元素等，能清热生津、润肺止咳，还能健脾益气。可以把藕切成小片，上锅蒸熟后捣成泥给6~12个月的宝宝吃。

水果

秋季是盛产水果的季节，苹果、梨、柑橘、石榴、葡萄等能生津止渴，开胃消食的水果都适合宝宝吃。

干果和绿叶蔬菜

干果和绿叶蔬菜是镁和叶酸的最好来源，缺少镁和叶酸的宝宝容易出现焦虑情绪。镁是重要的强心物质，可以让心脏在干燥的季节保证足够的动力。叶酸则可以保证血液质量，从而改善神经系统的营养吸收。所以，秋季可以给宝宝适量吃点胡桃、瓜子、榛子、菠菜、芹菜、生菜等。

豆类和谷类

豆类和谷类含有B族维生素，维生素B_1是人体神经末梢的重要物质，维生素B_6有稳定细胞状态、提供各种细胞能量的作用。维生素B_1和维生素B_6在粗粮和豆类里面含量最为丰富，宝宝秋季可以每周吃3~5次软软的粗粮米饭或用大麦、薏米、玉米粒、红豆、黄豆和大米等熬成的粥。另外，糙米饼干、糙米蛋糕、全麦面包等都可以常吃一些。

含脂肪酸和色氨酸的食物

脂肪酸和色氨酸能消除秋季烦躁情绪，有影响大脑神经的作用，补充这些营养，可以让宝宝多吃点海鱼、胡桃、牛奶、榛子、杏仁和香蕉等。

 ## 如何烹调12个月大宝宝的辅食

12个月的宝宝虽可接受大部分食品，但消化系统的功能尚未发育完善，所以仍需坚持合理烹调辅食。

辅食要安全、易消化

面食以发面为好，面条要软、烂；米应做成粥或软饭；肉菜要切成小丁；花生、栗子、核桃要制成泥、酱；鸡、鸭、鱼要去骨、去刺，切碎后再食用；水果类应去皮、去核后再喂。

烹调要科学

尽量保留食物中的营养，熬粥时不要放碱，否则会破坏食物中的水溶性维生素；油炸食物会大量破坏其内含的B族维生素；肉汤中含有脂溶性维生素，要做到既吃肉又喝汤，才会获得肉食的各种营养素。

 ## 宝宝食用豆浆有哪些禁忌

不要加鸡蛋。鸡蛋中的蛋白容易与豆浆中的胰蛋白结合，使豆浆失去营养价值。

不要加红糖。红糖中的有机酸会和豆浆中的蛋白质结合，产生变性的沉淀物，这种沉淀物对人体有害。

不要喝太多。容易引起消化不良，出现腹胀、腹泻的症状。

不要喝未熟豆浆。生豆浆中不仅含有胰蛋白酶抑制物、皂甙和维生素A抑制物，而且含有丰富的蛋白质、脂肪和糖类，是微生物生长的理想条件。因而，给宝宝喝的豆浆必须煮熟。

 ## 12个月大的宝宝怎么吃水果

水果能吃块状了

宝宝快满周岁的时候，也有细心的妈妈还是把水果弄碎后再给宝宝吃，其实，给这个月龄的宝宝吃水果，一般只要切成块让宝宝自己拿着吃就可以了。此外，对宝宝来说没有什么 特别好的水果之说，既新鲜又好吃的时令水果都可以给宝宝吃。

给宝宝吃无子水果

给宝宝吃带子的水果，像番茄中的小子，做不到一个一个地都除去后给宝宝吃时，应尽量给宝宝切无子的部分；西瓜、葡萄等水果的子比较大，容易卡在宝宝的食管造成危险，一定要去掉子后再能给宝宝吃。

吃水果后宝宝大便异样不要惊慌

即使是在宝宝很健康的时候，有时给宝宝新添加一种水果（如西瓜）后，宝宝的大便中都可见到带颜色的、像是原样排出的东西，遇到这种情况，妈妈也不必惊慌，这是因为宝宝的肠道一下子还不能适应这些食物、不能把这些食物完全消化掉。

餐前餐后不宜吃水果

水果中有不少单糖物质，极易被小肠吸收，但若是积在胃中，就很容易形成胀气，以至引起便秘。所以，在饱餐之后不要马上给宝宝食用水果。而且，也不主张在餐前给宝宝吃，因宝宝的胃容量还比较小，如果在餐前食用，就会占据一定的空间，由此，影响正餐的摄入。

两餐之间或午睡醒来吃水果最佳

把食用水果的时间安排在两餐之间，或是午睡醒来后，这样，可让宝宝把水果当作加餐吃。每次给宝宝的适宜水果量为50～100克，并且要根据宝宝的年龄大小及消化能力，把水果制成适合宝宝消化吸收的形态，如1～3个月的小宝宝，最好喝果汁，4～9个月宝宝则可吃果泥，10～11个月的宝宝可以吃削好的水果片，12个月以后，可以吃水果块。

断奶后如何科学安排宝宝的饮食

主食以谷类为主

每天吃米粥、软面条、麦片粥、软米饭或玉米粥中的任何一种2～4小碗(100～200克)。此外，还应该适当给宝宝添加一些点心。

补充蛋白质和钙

断奶后的宝宝少了一种优质蛋白质的来源，而这种蛋白质又是宝宝生长发育必不可少的。牛奶是断奶后宝宝理想的蛋白质和钙的来源之一，所以，断奶后除了给宝宝吃鱼、肉、蛋外，每天还一定要喝牛奶，同时，每天吃高蛋白的食物25～30克，可选以下任一种：鱼肉小半碗，小肉丸子2～10个，鸡蛋1个，炖豆腐小半碗。

吃足量的水果

把水果制作成果汁、果泥或果酱，也可切成小块。普通水果每天给宝宝吃半个到1个，草莓2～10个，瓜1～3块，香蕉1～3根，每天50～100克。

吃足量的蔬菜

把蔬菜制作成菜泥，或切成小块煮烂，每天大约半碗(50～100克)，与主食一起吃。

增加进餐次数

宝宝的胃很小，对热量和营养的需要却相对很大，不能一餐吃得太多，最好的方法是每天进5～6次餐。

品种丰富

宝宝的食物种类要多样，这样才能得到丰富均衡的营养。

注重食物的色、香、味，增强宝宝进食的兴趣。

 怎样给宝宝吃点心

断奶后，宝宝尚不能一次消化许多食物，一天仅吃几餐饭，尚不能保证生长发育所需的营养，除吃奶和已经添加过的辅食外，还应添加一些点心。给宝宝吃点心应注意以下几个方面。

选一些易消化的米面食品作点心

此时宝宝的消化能力虽已大大进步，但与成人相比还有很大差距，因此，给宝宝吃的点心，要选择易消化的米面类，糯米做的点心不易消化，也易让宝宝噎着，最好不要给宝宝吃。

不选太咸、太甜、太油腻的点心

太咸、太甜、太油腻的点心不宜消化，易加重宝宝肝肾的负担，再者，甜食吃多了不仅会影响宝宝的食欲，也会大大增加宝宝患龋齿的概率。

不选存放时间过长的点心

有些含奶油、果酱、豆沙、肉末的点心存放时间过长，或制作过程中不注意卫生，会滋生细菌，容易引起宝宝肠胃感染、腹泻。

点心只作为正餐的补充

点心味道香甜，口感好，宝宝往往很喜欢吃，容易吃多了而减少其他食物的量，尤其是对正餐的兴趣。妈妈一定要掌握这一点，在两餐之间宝宝有饥饿感、想吃东西时，适当加点心给宝宝吃，但如果加点心影响了宝宝的正常食欲，最好不要加或少加。

加点心最好定时

点心也应该每天定时，不能随时都喂。比如，在饭后1～2小时适量吃些点心，是利于宝宝健康的；吃点心也要有规律，比如，上午10点，下午3点，不能给宝宝吃耐饥的点心，否则，等到正餐时间，宝宝就不想吃了。

 ## 10个月宝宝营养需求及一日饮食参考

宝宝的营养需求

这个阶段原则上继续沿用第9个月时的哺喂方式，但可以把哺乳次数进一步降低为不少于2次，让宝宝进食更丰富的食品，以利于各种营养素的摄入。妈妈可以让宝宝尝试全蛋、软饭和各种绿叶菜，既增加营养又锻炼咀嚼能力，同时仍要注意微量元素的添加。

一日营养计划

上午	6：00 母乳或配方奶250毫升
	9：00 水果泥或蔬菜泥150克
	10：00 鸡蛋羹（可尝试全蛋）1中碗，馒头片（面包片）30克，果酱
下午	12：00 豆奶120毫升，小饼干20克
	15：00 虾仁小馄饨80克
	18：00 清蒸带鱼25克，土豆泥50克，米粥25克
晚上	21：00 母乳或配方奶200～220毫升
鱼肝油	每天1次，每次1粒
其他	保证饮用适量白开水

 ## 11个月宝宝营养需求及一日饮食参考

宝宝的营养需求

11～12个月是宝宝身体生长较迅速的时期，需要更多的碳水化合物、脂肪和蛋白质。11个月的宝宝普遍已长出了上、下、中切牙，能咬较硬的食物。相应的，这个阶段的哺喂也要逐步向幼儿方式过渡，餐数适当减少，每餐量增加。

一日营养计划

上午	6：00 母乳或配方奶250毫升
	9：00 馒头片20克，虾仁菜花60克，紫菜汤80克
	10：30 蛋糕50克
下午	12：00 软饭35克，萝卜鸡100克，豆奶150毫升
	15：00 水果150克
晚上	21：00 母乳或配方奶250毫升
鱼肝油	每天1次，每次1粒
其他	保证饮用适量白开水

 ## 12个月宝宝营养需求及一日饮食参考

宝宝的营养需求

有些12个月的宝宝已经或即将断母乳了，食品结构会有较大的变化，乳品虽然仍是主要食品，但添加的食品已演变为一日三餐加2顿点心，提供总热卡2/3以上的能量，成为宝宝的主要食物。这时食物的营养应该更全面和充分，除了瘦肉、蛋、鱼、豆浆外，还有蔬菜和水果。食品要经常变换花样，巧妙搭配。

一日营养计划

上午	6：00 母乳或配方奶250毫升
	9：00 鲜肉小包子30克，豆奶150毫升
	10：30 蛋糕50克
下午	12：00 软饭35克，清烧鱼120克，菠菜汤70克
	15：00 水果150克
	18：00 番茄鸡蛋面120克
晚上	21：00 母乳或配方奶250毫升
鱼肝油	每天1次，每次1粒
其他	保证饮用适量白开水

断奶后期食谱推荐

玉米排骨汤

原料

瘦的纯小排30克，新鲜的玉米30克，水适量。

做法

1.排骨放入开水中焯去血沫；将玉米切成小段。

2.将排骨、玉米一起放入盛有凉水的锅中，用小火煮1个小时（如果有时间可以用砂锅慢煲2个小时左右，味道更好）。

巧手厨房

最初放水不要太多，不然汤会过清；煲的过程中不要加水，这样汤才香。

营养便利贴

玉米中的维生素B_6、维生素B_3等营养素可刺激肠胃蠕动，有利于宝宝顺利排便。

排骨
金针菇汤

原料

排骨100克，金针菇50克，水适量，芹菜末少许。

做法

1. 将排骨放入盛有凉水的锅内，不用加油，大火煮沸。

2. 加入金针菇，小火慢炖30分钟（1个小时更好），放点芹菜末即可。

营养便利贴

金针菇又称智力菇，其营养成分丰富；煮时水不要加太多，当中不要加水；不要选太大的、太白的金针菇，不超过15厘米的，菇头不是散开的，大小均匀的最好。排骨要瘦一点的小排好。

蛋皮拌菠菜

原料

鸡蛋1个，菠菜100克，油适量，香油、芝麻各少许。

做法

1. 将鸡蛋打散，摊成蛋皮。

2. 将菠菜洗净，放入开水锅内稍烫即捞出，切成小段，放入盘内。

3. 将油烧热，浇在盘内，加少许香油拌匀，把蛋皮切成细丝围在菠菜旁边，最后撒一点芝麻即可。

营养便利贴

菠菜富含铁、维生素C、叶酸等营养素，维生素C能够提高铁的吸收率，并促进铁与叶酸共同作用，有效地预防贫血症。菠菜还含有丰富的胡萝卜素、维生素A、维生素B_2等，能够保护视力，防止口角炎、夜盲等维生素缺乏症的发生。

乳香白菜

原料

嫩白菜200克，鲜牛奶80毫升，水淀粉、熟猪油各适量。

做法

1.将嫩白菜洗净、沥干，竖切成筷子粗、4厘米长的条，备用。

2.锅置大火上，舀入熟猪油烧至八成热时，放入白菜条翻炒至酥烂时，放入牛奶搅匀，用水淀粉勾薄茨，再淋上熟猪油即可装盘。

营养便利贴

这道菜洁白如玉，乳香浓郁，绵滑嫩软，营养丰富，清内热，利肠胃，少积食，是宝宝夏季很好的消暑饮食。

豆腐凉菜

原料

卷心菜叶1/3片，胡萝卜1/5根，豆腐1/7块。

做法

1. 将卷心菜叶、胡萝卜焯一下，并切碎。

2. 将豆腐捣碎之后除去水分，与切好的蔬菜一起拌好即可。

营养便利贴

豆腐富含蛋白质，其中谷氨酸含量较丰富，是大脑赖以活动的重要物质，宝宝常吃豆腐对大脑发育很有帮助。卷心菜富含丰富维生素C、维生素E、β-胡萝卜素等微量元素，对宝宝身体发育有益。

芝麻酱拌豇豆

原料

豇豆100克，香油、芝麻酱各少许。

做法

1. 将豇豆洗净，切成小段，锅内烧开水，放入豇豆烫熟，捞出晾凉。

2. 碗内放入香油、芝麻酱拌匀即可。

巧手厨房

豇豆最好选择嫩的，细长的，一般籽越小的豇豆越嫩；豇豆焯水时要煮3分钟左右，确保煮熟，不熟豇豆易导致腹泻、中毒。

营养便利贴

豇豆可以为宝宝提供优质蛋白质，适量的碳水化合物及多种维生素、微量元素等营养素。另外，豇豆所含B族维生素能维持正常的消化腺分泌和胃肠道蠕动的功能，抑制胆碱酯酶活性，可帮助消化，增进食欲。

内酯豆腐

原料

内酯豆腐100
克，油、香葱末
少许。

做法

1.内酯豆腐切
成小丁，放在盘
子里码好，撒上
香葱末。

2.在炒勺里倒
入少许油，油热
后，停火。

3.把热油慢慢
地浇在豆腐上，
搅拌均匀即可。

营养便利贴

内酯豆腐不同于传统的卤水豆腐的制作方法，可减少蛋白质的流失，
且质地细嫩、有光泽。

"芝宝贝"喂养经

如果宝宝是乳糖不耐症体质，可以用豆制品来代替配方奶。同时注意相
比配方奶的进食量需要多吃一些，以达到同量配方奶所含的钙量。

凉拌茄子

原料

茄子100克，香油适量。

做法

1.茄子洗净，削皮，切成2厘米的小段，放在碗里，上屉用大火蒸10分钟。

2.待茄子软烂后，滗汁，倒入盘中。

3. 晾凉后加入香油，拌匀即可。

"芝宝贝"喂养经

秋后的老茄子含有较多茄碱，对人体有害，不宜多吃，尤其是宝宝更不要食用。在茄子的所有吃法中，拌茄子是最健康的，由于拌茄子加热时间短，因此营养损失最少，利于宝宝吸收。

营养便利贴

茄子富含维生素E、维生素P、铁、钾等营养素。

清蒸鳕鱼

原料

鳕鱼肉50克，葱、姜、酱油各适量。

做法

1. 将鳕鱼肉洗净放在盘中。

2. 葱、姜切细丝置鳕鱼身上，淋上一小勺酱油。

3. 入锅蒸熟即可。

营养便利贴

提供DHA、蛋白质、钙、铁、锌和维生素A、维生素D、维生素E等。有助于增强消化功能和免疫力。

"芝宝贝"喂养经

鳕鱼肉质很鲜嫩，且鱼刺较大，几乎没有小刺，给幼儿吃比较安全。烹调方法最好采用清蒸，给宝宝吃时也要格外留意鱼肉中是否有鱼刺残留。因为是第一次给宝宝尝试，所以食用量不宜过多，最好是先让宝宝吃一两口试试，然后观察宝宝有无过敏现象。

萝卜鸡末

原料

鸡肉末50克，白萝卜100克，海米10粒。

做法

1. 白萝卜切薄片，焯后控去水分。

2. 海米入汤煮开，把鸡肉末、萝卜片入锅，边煮边用筷子搅拌至熟透。

营养便利贴

提供蛋白质、维生素C等。

"芝宝贝"喂养经

这个月龄的宝宝开始表现出对特定食品的好恶。对于宝宝喜爱的食品，不能让其上顿下顿地吃，在保证营养足量的基础上，合理安排宝宝的食谱很重要。还要注意变换烹调方式，引起宝宝对食品的兴趣，以防养成偏食习惯。

蒸嫩丸子

原料

瘦肉馅60克，青豆10颗，水1匙，淀粉少许。

做法

1. 瘦肉馅加入煮烂的青豆及淀粉拌匀，甩打至有弹性，再分搓成小枣大小的丸状。

2. 把丸子以中火蒸1小时至肉软，盛出后用水淀粉勾芡。

营养便利贴

提供蛋白质、脂肪、维生素A、维生素E等。

"芝宝贝"喂养经

给宝宝做饭时多采用蒸、煮的方法，会比炸、炒的方式保留更多的营养元素，口感也比较松软，同时，还保留了更多食物原来的色彩，能有效地激发宝宝的食欲。

鸡蛋软饼

原料

鸡蛋1个，面粉30克，油、水、香葱末各适量。

做法

1. 将鸡蛋打散备用。

2. 在面粉中加入鸡蛋液，放入适量水及香葱末，调匀成稀糊状。

3. 平锅内擦少许油烧熟，将调好的鸡蛋面粉糊放入摊开，摊成软饼，烙透即可。

"芝宝贝"喂养经

这个阶段的宝宝开始咿呀学语，但是，在喂饭时，不要逗宝宝说笑。否则，食物颗粒有可能呛入气管，引发危险。同时，也不利于养成良好的进食习惯。

奶香三文鱼

原料

三文鱼30克，牛奶20毫升，黄油、洋葱各适量。

做法

1. 三文鱼切片，用牛奶腌20分钟左右。

2. 将黄油在炒锅里加热，放洋葱煸香，倒在鱼片上。

3. 将三文鱼放在蒸锅里蒸7分钟即可。

巧手厨房

购买三文鱼时，最好选择新鲜的，因为经过多次解冻后的三文鱼，蛋白质分解加剧，食品卫生和营养都不是很好。烹饪时，切勿把三文鱼烧得过烂，只需把鱼做熟，这样既保持鱼肉鲜嫩，也可祛除腥味。

营养便利贴

这道菜松软滑嫩，鲜香有味，是特别适合宝宝的营养美味。三文鱼中含有丰富的不饱和脂肪酸，是宝宝大脑、视网膜及神经系统发育必不可少的物质，此外，它还含有丰富的蛋白质、钙、铁及维生素D等，且易于吸收和消化。

草莓橘子拌豆腐

原料

　　草莓2个，橘子3瓣，嫩豆腐15克。

做法

　　1.把草莓用盐水洗净，切碎；把橘瓣去皮、去核研碎；嫩豆腐在开水锅中煮一下，捞出，研成泥状。

　　2.把草莓、橘泥、豆腐泥放到一个盘里，拌匀后即可。

营养便利贴

　　此菜色泽美观，鲜香适口。草莓富含多种营养成分，能够增强人体免疫力。橘子味甘酸、性温，入肺经、胃经；具有开胃理气、润肺的功效，一个橘子所含的维生素C的量几乎可以满足宝宝一天的需要。

银鱼蛋饼

原料

　　银鱼100克，鸡蛋2个，食用油适量。

做法

　　1.鸡蛋打入碗里。

　　2.银鱼用清水浸泡洗净。

　　3锅里放油，烧热后先把银鱼翻炒一下，盛出。锅里再加油，把蛋液倒入，轻轻推动，呈半凝固状时将银鱼倒在蛋上，小火略煎，煎至两面微黄即可。

营养便利贴

　　这道菜滑嫩柔韧，营养丰富，滋阴润燥，清肺利咽，易于宝宝的消化和吸收。

韭菜水饺

原料

面粉、猪肉、韭菜各适量，葱末、姜末、香油、酱油各少许。

做法

1.将面粉用凉水和成面团，放置1个小时；猪肉洗净切碎，放入葱末、姜末、香油、酱油搅拌成肉馅；韭菜择洗干净，切细粒，与猪肉馅充分搅拌后待用。

2.将面团揉一揉，搓成条，揪成若干个剂子，擀成薄皮，包入肉馅，将边捏紧，成月牙形或元宝形。

3.锅里烧开水，把包好的饺子放进去煮熟捞出即可。

营养便利贴

韭菜含有纤维素、胡萝卜素、维生素C等多种营养物质。韭菜含有的特殊香辛味可增进宝宝食欲。

"芝宝贝"喂养经

有些宝宝不爱吃菜，但是，如果把菜包进包子、饺子、馄饨中，大多数宝宝就爱吃了，通过这种方式，许多宝宝能改掉不爱吃菜的坏毛病。

鸡汤青菜小馄饨

原料

鸡胸肉50克，时令蔬菜适量，馄饨皮10个，鸡汤350毫升，葱末、姜末、香油、酱油各适量。

做法

1. 鸡胸肉洗净剁碎；时令蔬菜剁碎后挤出水分。

2. 把鸡肉末、蔬菜末、葱末、姜末、香油、酱油搅拌均匀，调成馅料，用馄饨皮包成10个小馄饨。

3. 鸡汤倒入锅中烧开，下入小馄饨，煮熟即可。

营养便利贴

蔬菜富含维生素和微量元素，有助于增强机体免疫能力，蔬菜含有大量粗纤维，宝宝经常吃蔬菜，可预防便秘。

"芝宝贝"喂养经

蔬菜可用小白菜、油菜、西芹、西葫芦等，剁碎后一定要把水分挤一挤，否则流汤不好包。

如果鸡汤一次用不完，可以过滤后将清汤分成几个小盒子冷冻储存，下次做的时候，再拿出来直接加热即可，可以省下很多时间，是早餐很好的选择。

鱼蓉丸子面

黄花鱼肉100克，鸡蛋1个，手擀面60克，淀粉少许。

做法

1. 将黄花鱼肉剁成鱼蓉，放入鸡蛋、淀粉搅拌均匀。

2. 锅里水烧开后，用手将拌好的鱼蓉挤成小丸子放到锅里煮，待丸子漂起来后，盛到碗里。

3. 手擀面用沸水煮熟后，过一下温开水，捞起放在有鱼丸的碗里。

4. 锅内倒入鱼汤煮沸，盛入鱼丸碗中，拌匀即可食用。

营养便利贴

此面鱼香扑鼻，面条滑爽。黄花鱼含有丰富的蛋白质、微量元素和维生素，对宝宝的生长发育极为有利。

玉米薄饼

做法

1. 将玉米粒用刀削下，稍加水，用搅拌机打成糊状，备用。

2. 将葱切成末放入玉米糊中，搅拌均匀。

3. 饼铛内放少许油，油热后把玉米糊舀到饼铛里，摊成薄饼，用小火把两面烙成金黄色即可。

原料

新鲜玉米3个，葱、食用油各少许。

营养便利贴

玉米含有多种维生素，有很高的抗氧化剂活性，特别是玉米胚芽所含的营养物质能增强人体的新陈代谢，有利于宝宝的生长发育。用玉米做成的饼，色泽诱人，清香扑鼻，口感好，是宝宝早餐不错的选择。可搭配蔬菜糊、蛋奶糊吃。

奶香冬瓜

原料

冬瓜150克，配方奶100毫升，虾仁适量，湿淀粉少许。

做法

1. 冬瓜削皮，洗净，切片；虾仁用水洗一下，浸泡。

2. 将汤锅置于火上，放入配方奶、冬瓜、虾仁，熬煮至冬瓜烂熟，用湿淀粉勾芡即可出锅。

营养便利贴

冬瓜含有丰富的蛋白质、碳水化合物、维生素以及钾、钠、钙、铁、锌、铜、磷、硒等多种营养成分。此菜乳白黏稠，绵滑润泽，鲜香浓郁，常吃对宝宝的身体很有好处。

香肠
豌豆粥

原料

豌豆、大米、香肠各适量，食用油、葱丝各少许。

做法

1. 锅里放水，将香肠、豌豆、大米同时放入锅内，熬煮至粥黏软。

2. 炒锅上火，倒入食用油，油热后放葱丝煸香，然后将葱丝捞出，倒入煮好的粥锅里，晾凉后即可给宝宝食用。

巧手厨房

一定要将全部食材切碎、煮软，不宜太咸，稍微有一点儿咸味即可。

营养便利贴

香肠可开胃助食，增进食欲。豌豆含有人体所需的各种营养物质，尤其是含有优质蛋白质，可以提高宝宝机体的免疫力。

鲜香
排骨汤

原料

猪小排500克，海带适量，葱段、姜片各适量。

做法

1.将海带浸泡20分钟后，取出用清水洗一下，切成长方块；将猪小排洗净，用刀顺骨切开，剁成段，放入沸水锅中焯一下，捞出备用。

2.高压锅内加入适量清水，放入猪小排、葱段、姜片，用大火烧沸，撇去浮沫，烧开后用中火焖烧约15分钟，倒入海带块，再用大火烧沸5分钟即成。

营养便利贴

此汤鲜香美味，营养丰富，对宝宝牙齿和骨骼的发育有很好的帮助。

火腿炒菠菜

原料

火腿肉50克，菠菜50克，食用油适量。

做法

1.将火腿肉切成小片；菠菜择洗干净、焯水、过凉，沥干水，切成段待用。

2.将食用油放入锅内，热后投入菠菜煸炒几下，再将火腿放入和菠菜一起翻炒至熟即成。

营养便利贴

火腿色泽鲜艳，红白分明，美味可口，各种营养成分易被人体所吸收，具有养胃生津的作用。菠菜含有大量的植物粗纤维，具有促进肠道蠕动的作用，利于排便，且能促进胰腺分泌，帮助消化。

"芝宝贝"喂养经

菠菜中含有草酸，不仅使菠菜带有一股涩味，还能与食物中的钙相结合，产生不溶于水的草酸钙，影响人体对钙的吸收。特别是宝宝如果经常吃有草酸的菠菜，可能会导致缺钙。但把菠菜放入开水中焯一下，即可有效去除草酸。

鱼丸汤

原料

鱼肉150克，生菜叶适量，淀粉少许。

做法

1. 将鱼剔除鱼刺，鱼肉切碎与淀粉在一起搅拌；将生菜叶洗净，撕小片。

2. 将和好的鱼肉制成鱼丸。

3. 砂锅加适量水烧开，放入鱼丸，煮熟后，放入生菜叶，稍煮片刻即可。

营养便利贴

鱼肉是蛋白质的重要来源，且易被人体吸收。鱼肉还供给人体所需要的维生素A、维生素D、维生素E、铁、钙、磷、镁等营养素。

"芝宝贝"喂养经

新鲜的鱼丸不仅保持着鱼肉本身的营养，还带有鱼肉所没有的韧性和爽口，它提取了鱼肉的精华，又不用担心鱼骨头卡喉，成品洁白，汤汁清爽，非常适合宝宝食用。

鸡汁草菇汤

原料

煮好的鸡汤1碗，鲜草菇5～6个。

做法

1. 鲜草菇切片。

2. 等鸡汤沸后，加入草菇，煮5～6分钟，调好味即可。

"芝宝贝"喂养经

草菇有排除宝宝体内污染、毒素的作用，可排出铅及有害元素，选取时，要选小点的草菇。

西瓜水果盅

原料

西瓜1/2个，草莓10颗，桃肉30克，菠萝肉30克，荔枝肉5个。

做法

1. 菠萝肉切块，桃肉切块，草莓洗净备用。

2. 把西瓜底部横切一刀，留底；将瓜瓤挖出来，去籽，切块；然后与菠萝块、桃肉块、草莓、荔枝肉一起装入掏空的西瓜内即可。

营养便利贴

西瓜味道甘甜多汁，既能祛暑热解渴，又有很好的利尿作用；菠萝味甘性温，具有解暑止渴、消食止泻的功效；荔枝肉含丰富的维生素C和蛋白质，有助于增强机体免疫力。

"芝宝贝"喂养经

给宝宝选用水果时，要注意与体质、身体状况相宜。舌苔厚、便秘、体质偏热的宝宝，最好给吃凉性水果，如梨、西瓜、香蕉、猕猴桃、芒果等，它们可败火。而荔枝、柑橘吃多了可引起上火，因此不宜给体热的宝宝多吃。消化不良的宝宝应吃熟苹果泥，而食用配方奶便秘的宝宝则适宜吃生苹果泥。

什锦甜粥

原料

小米、大米、花生米、绿豆、大枣、核桃仁、葡萄干各适量，白糖少许。

做法

1. 将小米、大米、花生米、绿豆、核桃仁、葡萄干分别淘洗干净，把大枣洗净后去核。

2. 将绿豆放入锅内，加适量水，七成熟时，再向锅内加水，下入小米、大米、花生米、核桃仁、葡萄干、大枣，开锅后，转成微火煮至烂熟，吃时加少许白糖。

营养便利贴

此粥营养丰富、香甜爽口。绿豆可清热解毒、清暑益气、止渴利尿；核桃有健胃、润肺、补脑益智等功效。

"芝宝贝"喂养经

煮煮的时候要不时地搅动粥锅，防止糊底。

Q 我发现我的宝宝添加了辅食之后会偏食，偏甜的喜欢吃，其他的都不感兴趣，我该怎么办呢？

A 每个宝宝都有自己的喜好，对宝宝来说，甜食吃多了对口腔的发育有不益的一面。如果偏食会产生营养不均衡，因此，家长应该了解宝宝对各种营养素的需求，有的放矢地给宝宝添加，这一章我们主要讲均衡身体健康发育的各种营养餐。

第 5 章
补充各种营养素的辅食

随着宝宝一天天长大，母乳已经不能提供宝宝所需全部营养，更多营养应由辅食提供。辅食可以为宝宝提供身体发育所需要的必需营养素，如蛋白质、碳水化合物、脂肪、维生素、矿物质、膳食纤维。

鱼片蒸蛋

原料

　　鸡蛋2个（约120克），鲜鱼片200克，葱粒、橄榄油各适量。

做法

1. 将鱼片加入适量橄榄油拌匀。
2. 鸡蛋磕入碗中，搅拌成蛋液。
3. 蒸锅加水烧沸，放入盛蛋液的碗，用慢火蒸约7分钟，再加入鱼片、葱粒铺放在表面，续蒸3分钟后关火，利用余热焖2分钟取出即可。

营养便利贴

富含蛋白质、钙、铁、磷等营养素，有益于宝宝生长发育。

"芝宝贝"喂养经

很多妈妈都非常困惑：自己明明给宝宝补钙了，可宝宝偶有不适去看医生，医生说得最多的还是缺钙，怎样才能提高钙的吸收率呢？

同补鱼肝油。单纯补钙并不能增加宝宝对钙的吸收，钙要在维生素D的帮助下才能顺利地被吸收。由于日常膳食中所含的维生素D并不多，而宝宝每天钙的需要量是400国际单位，因此2岁以下的宝宝每天还要补充适量的鱼肝油。

多晒太阳。皮肤中的脱氢胆固醇能在紫外线的照射下转变成维生素D，因此最好能让宝宝多参加户外活动并多晒太阳。

鱼肉鸡蛋饼

原料

鱼肉50克,鸡蛋1个,牛奶50毫升,油、淀粉各适量。

做法

1. 把鱼肉去骨刺剁成泥。

2. 把鱼泥加淀粉、牛奶、鸡蛋搅成糊状有黏性的鱼馅。

3. 平底锅置火上烧热,加油,将鱼馅制成小圆饼放入锅里煎熟。

营养便利贴

此饼含有宝宝生长发育所需的优质蛋白质、钙、磷、维生素D等多种营养素,对强壮宝宝身体大有裨益。

"芝宝贝"喂养经

爸爸妈妈要掌握服用钙剂的方法,这样能提高钙的吸收率。如餐后服用钙剂可使胃液分泌增加,胃的排空速度减慢,因此吸收率较高;一次大剂量口服时的吸收率不如分次小剂量服用;一些膳食因素对钙的吸收影响极大,如植酸、草酸、纤维素等均可影响钙的吸收,而维生素D、氨基酸、乳糖等则可促进钙吸收。

蛋黄泥

原料

鸡蛋1个，蔬菜汁或牛奶20毫升。

做法

1. 将鸡蛋放入凉水中煮沸，中火再煮5～10分钟。

2. 放入凉水中，剥壳取出蛋黄。

3. 加入蔬菜汁或奶，用勺调成泥状。

营养便利贴

鸡蛋中主要的矿物质、维生素、磷、铁等营养素几乎都在蛋黄中，为此，蛋黄是宝宝最佳辅食之一。维生素C有助于铁的吸收，因而爸爸妈妈可以将富含维生素C的蔬菜、水果做成果汁、菜汁来调和蛋黄，补铁的效果会非常好。

"芝宝贝"喂养经

铁是造血原料之一。宝宝出生后体内贮存由母体获得的铁，可供3～4个月之需。由于母乳、牛奶中含铁量都较低，如果4个月后不及时添加含铁丰富的食品，宝宝就会出现营养性或缺铁性贫血。婴幼儿时期每天铁的供给量为10～12毫克。

富含铁的食物有：动物的肝、心、肾，蛋黄，瘦肉，鲤鱼，虾，海带，紫菜，黑木耳，南瓜子，芝麻，黄豆，绿叶蔬菜等。另外，动植物食品混合吃，铁的吸收率可以增加1倍，因为富含维生素C的食品能促进铁的吸收。

萝卜豆浆

原料

胡萝卜100克，黄豆40克，柠檬汁5克，香油10克。

做法

1. 胡萝卜洗净，切片，与浸泡后的黄豆一起磨碎，搅拌取汁。

2. 将胡萝卜和黄豆汁煮沸后倒入杯中，加入柠檬汁及香油搅匀即可。

营养便利贴

黄豆营养价值很高，富含蛋白质及镁、铁等微量元素。镁是人体生化代谢过程中必不可少的元素，对维护中枢神经系统的功能、抑制神经、肌肉的兴奋性、保障心肌正常收缩等都起着十分重要的作用。

"芝宝贝"喂养经

婴幼儿时期每天需要摄入镁30~100毫克。给宝宝添加辅食时应注意：精细食品在加工过程中会损失较多的镁；动物食品中含有丰富的磷及磷化物，会阻碍胃肠对镁的吸收；宝宝偏食，不爱吃绿叶蔬菜，也会导致镁元素摄入量不足。

扇贝粥

原料

扇贝2个，大米50克。

做法

1. 将大米洗净，浸泡30分钟。

2. 扇贝只取扇贝肌（就是与两壳连接的白色的圆柱，也叫贝柱），煮10分钟，取出切碎，再放入汤中。

3. 泡好的大米放入扇贝汤中同煮成糊状即可。

营养便利贴

扇贝味道鲜美，营养丰富，富含钙、铁、锌等微量元素。

"芝宝贝"喂养经

锌是人体生长发育、生殖遗传、免疫、内分泌等重要生理过程中必不可少的物质。母乳所含的锌的生物利用率比较高，因此，牛奶喂养的宝宝应该尽早添加富含锌元素的辅食。另外，在断乳期辅食添加应充足，喂养要适当，以免引起宝宝缺锌。关于锌的摄入量，1~6个月的宝宝每天为3毫克，7~12个月的宝宝每天为8毫克。

三色肝末

原料

猪肝、葱头、胡萝卜、番茄、菠菜各适量，肉汤少许。

做法

1.将猪肝洗净用开水烫一下，然后切碎；葱头、胡萝卜均去皮洗净切碎；番茄用开水烫一下，剥去皮，切碎；菠菜择洗干净，切碎。

2.把切碎的猪肝、葱头、胡萝卜放入锅内加肉汤煮熟后加番茄、菠菜，稍煮片刻即可出锅。

营养便利贴

猪肝中含有丰富的锌；每100克菠菜叶含锌5.6～6.8毫克。这道菜色彩鲜艳，口感清淡，很适合缺锌的宝宝食用。

"芝宝贝"喂养经

一般说来，宝宝缺锌常有异食、厌食、生长缓慢等三方面表现。

异食：宝宝喜欢吃不能吃的东西，如泥土、火柴杆、煤渣、纸屑等。

厌食：胃口差，不想进食或进食量减少。

生长缓慢：体重、身高、头围等发育指标明显落后于同龄宝宝，显得矮小。

爸爸妈妈可以带宝宝到医院检测血液中的锌含量，如果低于正常水平，即可诊断为缺锌。

补锌过多可使宝宝体内维生素C和铁的含量减少，并且抑制铁的吸收和利用，从而引起缺铁性贫血。锌元素过多还会抑制吞噬细胞的活性，使免疫力下降。由此导致的体内锌、铜元素比值增大，还会影响胆固醇的代谢，使血脂增高。

虾皮紫菜蛋花汤

原料

虾皮5克，紫菜2克，香菜5克，鸡蛋1/2个，水、香油各适量。

做法

1. 把虾皮洗净；将紫菜撕成小片；把香菜择洗干净切小段；将鸡蛋打散。

2. 锅中烧油，油热后下入虾皮略炒，加水适量，烧开后淋入鸡蛋液。

3. 随即放入紫菜、香菜，并加香油适量调味。

"芝宝贝"喂养经

如果宝宝缺碘，除应适当食用一些富含碘的天然食品外，还可通过以下途径补充。

母乳喂养可补碘。母乳喂养的婴幼儿尿碘水平高出其他方式喂养的婴幼儿1倍以上。母乳喂养时期只要供给母体足够的碘，宝宝就不会发生碘缺乏，哺乳期的妈妈每天至少要供给200微克碘，才能保证母婴两人的碘需要量，有效地预防碘缺乏对母婴的危害。

配方食品可补碘。从配方食品中给宝宝补碘也是安全、直接、有效的方式。宝宝吃下营养美味的食物（如婴幼儿营养米粉、婴幼儿奶粉）的同时，也获取了足量的碘元素。

平时烹调宝宝食物坚持用合格碘盐。正确食用碘盐，就可以吸收足够的碘。食盐加碘是一种持续、方便、经济、生活化的补碘措施，但是不要误认为补碘就要多吃碘盐，小于1岁的宝宝每日给予1～1.5克碘盐就能满足需要。

鲜橘汁

原料

鲜橘子、温开水各适量。

做法

1. 将鲜橘子洗净，切成两半，放在榨汁机中榨出橘汁。

2. 加入温开水即可。

营养便利贴

鲜橘汁色泽金黄，酸甜适口，含有丰富的维生素C。维生素C是水溶性物质，富含维生素C的食品很多，基本可以满足宝宝身体对维生素C的需要。1岁以内的宝宝每日所需维生素C量为40～50毫克。

"芝宝贝"喂养经

富含维生素C的鲜果有猕猴桃、枣类、柚、橙、草莓、柿子、番石榴、山楂、荔枝、龙眼、芒果、无花果、菠萝、苹果、葡萄；蔬菜中茎蓝、雪里蕻、苋菜、青蒜、蒜苗、香椿、花椰菜、苦瓜、辣椒、甜椒、芥菜等的维生素C含量也较多。因为维生素C不能在体内储存，所以每天都应摄入一定量的维生素C。

宝宝吃橘子前后的1小时内不宜喝牛奶，否则，橘子中的果酸与牛奶中的蛋白质相遇后，即刻发生凝固，影响橘子中的营养素吸收。

胡萝卜牛肉粥

原料

　　胡萝卜3~4片，碎牛肉1~2汤匙，米适量。

做法

1. 先将米打碎，再泡30分钟。

2. 将胡萝卜磨成蓉。

3. 将米下锅加水煲，水滚后用慢火煲至稀糊。

4. 加入胡萝卜蓉和碎牛肉，再煲片刻即可。

营养便利贴

　　胡萝卜含胡萝卜素，对宝宝的皮肤和眼睛有益；牛肉含铁质；米含淀粉质等多种微量元素，能提供能量。

"芝宝贝"喂养经

　　婴幼儿维生素A的日需要量为400微克，不可超量，否则会引起中毒。中毒的表现为食欲不振、易于激动，严重的会毛发脱落，肝脾肿大，皮肤干燥、奇痒难忍、皲裂等。

　　维生素A的添加应当在医生指导下进行，谨慎选择剂型，并根据宝宝年龄及时调整药量及服药期限。一些宝宝食品中已强化维生素A，如果再有规律地给宝宝服用的话，也需要相应减少维生素A剂的添加量。

补维生素食谱

虾仁菜花

原料

菜花60克，虾仁3颗，水100毫升。

做法

　　1. 菜花放入开水煮软切碎。

　　2. 虾仁切碎，加水，上锅煮成虾汁，倒入碎菜花中即可。

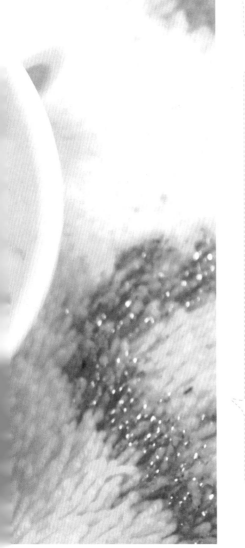

营养便利贴

　　菜花富含维生素K。母乳中的维生素K含量通常只有牛奶的1/4，因此，妈妈应注意观察母乳喂养的宝宝是否出现维生素K缺乏的症状。

"芝宝贝"喂养经

　　哪些因素会引起宝宝维生素K缺乏？

　　人体自身不能制造维生素K，只有靠食物中天然产物或肠道菌群合成。而维生素K难以通过胎盘吸收，所以，宝宝体内没有多少"老本"可用。

　　刚出生的小宝宝，肠道内还是一片洁净的世界，还没有帮助合成维生素K的细菌"安家落户"。

　　在宝宝患某些疾病需要应用抗生素时，常常将大肠杆菌大量消灭，也有引起维生素K缺乏症的可能。

　　此外，哺乳期的妈妈注意不要滥用抗生素，同时要均衡饮食营养，多吃富含维生素K的食物。宝宝在4~6个月后要及时添加辅食，让身体尽早具备自造维生素K的能力。

鸡泥肝糕

原料

猪肝、鸡胸肉、鸡蛋各适量，鸡汤（或肉汤）、香油各少许。

1. 猪肝洗净，剁成细蓉；鸡胸肉用刀背砸成肉蓉。

2. 将肝蓉与鸡肉蓉放入大碗中，兑入鸡汤。

3. 鸡蛋打入另一个碗中，充分打散后，倒入肝蓉碗中，充分搅打。

4. 锅里水开后，把肝蓉碗放入蒸笼中，蒸10分钟左右即熟，成肝糕。吃的时候可用刀将肝糕划成小块，淋上香油即可。

巧手厨房

蒸的时候要注意火候，火太大肝糕会出蜂窝孔，火太小肝糕蒸不熟。

"芝宝贝"喂养经

维生素B_1主要来源于谷类、豆类、酵母、干果及动物内脏、瘦肉、蛋类、蔬菜等；维生素B_2主要来源于动物内脏、禽蛋类、奶类、豆类及新鲜绿叶蔬菜等；维生素B_6主要来源于小麦麸、麦芽、动物肝脏、大豆、甘蓝菜、糙米、蛋、燕麦、花生、胡桃等；维生素B_{12}主要来源于动物肝脏、牛肉、猪肉、蛋、牛奶、奶酪等。

由于B族维生素都是水溶性的，多余的部分不会贮藏于体内，而会完全排出体外，所以，需要每天补充。

燕麦粥

原料

燕麦片20克，开水300毫升，婴儿配方奶粉适量。

做法

1. 把燕麦片慢慢地倒入开水锅中，盖上盖煮10分钟。

2. 加入婴儿配方奶粉，成为稠度适宜的燕麦粥。

营养便利贴

燕麦是碳水化合物的重要来源之一，能够给身体提供所需的能量，最重要的是它还含有丰富的B族维生素、铁和锌，除了能够增强身体输送氧气的能力，还能增强人体免疫力。

"芝宝贝"喂养经

半岁以上、1岁以内开始添加辅食的宝宝也要控制糖的摄取量，适当减少饼干等含糖食品，在两餐之间不吃或少吃糖果等零食。

一般来说，碳水化合物所产生的热量以占食物总热量的50％～60％为好，若按重量计算，碳水化合物应是蛋白质和脂肪重量的4倍左右，太多或太少都不利于健康。

鸭胗粥

原料

鸭胗1~2个，小米20克，水适量。

做法

1. 将小米洗净后浸半小时。

2. 鸭胗切开洗净。

3. 把小米与鸭胗一起下锅加水煮，水开后用慢火煲至稀糊状。

4. 把鸭胗取出，只用粥喂宝宝。

营养便利贴

一般来说，贝类食物（如牡蛎、赤贝等）以及坚果（如核桃、花生、榛子等）含铜最丰富；其次是动物的肝和肾、谷类的胚芽以及豆类。蔬菜和母乳中含铜较少，牛奶含铜极少。

"芝宝贝"喂养经

婴幼儿时期的宝宝每天需铜约1毫克，摄入不可过量，否则会出现中枢神经系统抑制状，如嗜睡、反应迟钝等，严重时会使宝宝智力低下。

大米花生芝麻粥

原料

大米50克，核桃1个，花生15粒，芝麻适量。

做法

1. 将核桃、花生切碎，与芝麻一起放在锅内炒熟，待凉后打成粉。

2. 大米煮开后，加入芝麻粉、花生粉、核桃粉，小火煮1个小时即可。

营养便利贴

防止宝宝缺铜的最好方法是吃富含铜的食物，如动物内脏、肉、鱼、螺、牡蛎、蛤蜊、豆类、核桃、栗子、花生、葵花子、芝麻、蘑菇、菠菜、香瓜、柿子、杏仁、白菜、红糖等。

"芝宝贝"喂养经

据医学专家研究发现，超过同年龄平均身高的儿童，其铜的摄入量也高，而低于平均身高的儿童，铜的摄入量相对也低。一般来说，后者铜的摄入量要比前者少50%～60%。为什么会出现这种现象呢？原来，当体内的铜缺少时，酶在细胞里活性会降低，蛋白质代谢缓慢，结果阻碍和抑制了骨组织的生长。因此，要想宝宝身高发育正常，妈妈就要注意调配膳食，增强含铜食物的摄入。

玉米青豆汤

原料

新鲜玉米100克，青豆50克，排骨150克，水适量。

做法

1. 排骨用热水焯一下。

2. 锅内加适量水（不要太多，汤浓一点），将原料一起放入，煮开后用小火炖1个小时，肉可以研碎与汤同喂宝宝。

营养便利贴

母乳能为宝宝提供丰富的蛋白质、脂肪、碳水化合物、维生素、矿物质和水分，但母乳中也含有膳食纤维。那些肠胃消化功能较差的宝宝应该适当补充一些水溶性的膳食纤维。

"芝宝贝"喂养经

清香不油腻，玉米所含的营养成分可以帮助宝宝的消化器官渐渐适应后面添加的辅食。

豆腐泥鸡蓉小炒

原料

鲜嫩豆腐200克，鸡肉50克，鸡蛋1个，细油菜丝、细火腿丝各适量，淀粉、植物油各少许。

做法

1.先将鸡肉剁成泥，加上蛋清和少许淀粉，一同搅拌成鸡蓉。

2.将豆腐用开水烫一下，研成泥。

3.锅里放油，油温七成热时先放入豆腐泥炒好，再放入鸡蓉翻炒几下，然后撒上细火腿丝和细油菜丝炒熟即可。

"芝宝贝"喂养经

蛋白质可促进宝宝身体生长，增强免疫力，调节宝宝体内的水分平衡，帮助输送氧气和养分，提供能量。另外，宝宝脑神经细胞逐渐成熟，智力不断发展，都需要足够的蛋白质。

蛋白质分解代谢的产物必须依赖肝脏转化和肾脏排泄，超过身体需要、未被利用的蛋白质只会增加宝宝的代谢负担。所以良好的蛋白质营养适量且优质才有助于宝宝全面健康地成长。

核桃
豆腐丸

原料

豆腐50克，鸡蛋1/2个，核桃仁、肉汤各适量。

做法

1. 将豆腐用勺子压碎，打入鸡蛋，加淀粉、面粉拌匀，做6~8个丸子，每个丸子中间夹一个核桃仁。

2. 肉汤倒入锅中烧开，下入丸子，煮熟即可。

"芝宝贝"喂养经

这道菜可以为宝宝补充足量的脂肪。脂肪对宝宝的身体发育有着重要意义。脂肪中的必需脂肪酸是幼儿神经系统发育必不可少的营养素；脂肪能促进脂溶性维生素的吸收，如维生素A、维生素D、维生素E与维生素K；脂肪还能使膳食变得美味可口。

宝宝的脂肪摄入量要适当，摄入过多脂肪易导致肥胖。肥胖儿长大以后往往也较胖，成年后很容易患高血压、高血脂、冠心病、糖尿病和胆囊炎等疾病。

芝麻豆奶

原料

　　黄豆40克，黑芝麻粉15克。

做法

　　1.将黄豆淘洗干净，用清水浸泡一天。

　　2.将黄豆磨成豆浆，用洁净纱布滤去豆渣。

　　3. 豆浆倒入锅内煮沸后，改用小火煮20分钟。

　　4. 加入黑芝麻粉，搅匀后即可饮用。

"芝宝贝"喂养经

　　在冬季，身体需要较多的热量保暖；活动量大的时候，宝宝热量消耗得多，就应该适当给宝宝多吃高脂食品。但长期进食高脂肪食品的宝宝，会有肥胖、维生素缺乏、智力发育较同龄儿缓慢、运动能力差等表现。因此，爸爸妈妈应掌握适度原则。